21 世纪高等学校计算机类
课程创新系列教材·微课版

SQL Server 2022
数据库项目案例教程 微课视频版

杨洋 编著

清华大学出版社

北京

内 容 简 介

本书以 SQL Server 2022 为平台，由浅入深地介绍数据库基础知识、安装和配置 SQL Server 2022、学生信息数据库的创建与管理、学生信息数据库的数据表创建与管理、学生信息数据库数据的操作、学生信息数据库的查询、学生信息数据库的 Transact-SQL 程序设计、学生信息数据库的视图与索引、学生信息数据库的存储过程与触发器、学生信息数据库的维护与管理、学生信息数据库的安全管理等知识。

本书实例众多，注重实用，讲解细致，每章的实训使学生得到充分的训练，以巩固所学基本概念，具备使用 SQL Server 2022 解决实际问题的能力。

本书内容丰富、结构合理、概念清晰、通俗易懂，既可以作为应用型本科、高等职业教育计算机及相关专业的教材，也可以作为职业资格考试或认证考试等培训机构的培训教材，亦可供读者自学参考。

图书在版编目（CIP）数据

SQL Server 2022 数据库项目案例教程：微课视频版 / 杨洋编著. -- 北京：清华大学出版社，2025.6.
（21 世纪高等学校计算机类课程创新系列教材：微课版）. -- ISBN 978-7-302-69358-1

Ⅰ. TP311.132.3

中国国家版本馆 CIP 数据核字第 20251CE452 号

责任编辑：安　妮　薛　阳
封面设计：刘　键
责任校对：郝美丽
责任印制：沈　露

出版发行：清华大学出版社
　　　　网　　　址：https://www.tup.com.cn，https://www.wqxuetang.com
　　　　地　　　址：北京清华大学学研大厦 A 座　　　　邮　　编：100084
　　　　社　总　机：010-83470000　　　　　　　　　　邮　　购：010-62786544
　　　　投稿与读者服务：010-62776969，c-service@tup.tsinghua.edu.cn
　　　　质量反馈：010-62772015，zhiliang@tup.tsinghua.edu.cn
　　　　课件下载：https://www.tup.com.cn，010-83470236
印　装　者：大厂回族自治县彩虹印刷有限公司
经　　　销：全国新华书店
开　　　本：185mm×260mm　　印　张：12.75　　　　字　　数：312 千字
版　　　次：2025 年 7 月第 1 版　　　　　　　　　印　　次：2025 年 7 月第 1 次印刷
印　　　数：1～1500
定　　　价：49.00 元

产品编号：101529-01

前　言

　　数据库技术是现代信息科学与技术的重要组成部分,是计算机数据处理与管理信息系统的核心。SQL Server 是 Microsoft 公司的关系数据库管理系统,随着应用的需要,其功能不断更新,在各行各业中得到了广泛的应用,市场对掌握 SQL Server 数据库系统应用开发和管理的人员的需求量很大,SQL Server 数据库课程已成为各院校计算机类专业的一门重要的专业课程。基于这样的背景,作者结合多年教学实践经验,编写了本书。

　　本书以 SQL Server 2022 作为平台,系统介绍数据库的基础知识和相应的实践操作,力求全面地、多方位地、由浅入深地引导读者步入数据库技术领域。本书共 11 个项目,主要包括数据库基础知识、安装和配置 SQL Server 2022、学生信息数据库的创建和管理、学生信息数据库数据表的创建与管理、学生信息数据库数据的操作、学生信息数据库的查询、学生信息数据库的 Transact-SQL 程序设计、学生信息数据库的视图与索引、学生信息数据库的存储过程与触发器、学生信息数据库的维护与管理、学生信息数据库的安全管理等知识。

　　本书的内容组织以关系数据库理论知识为基础,采用项目式教学,以职业活动顺序展开,每个项目设置了 6 个教学环节,以"学习目标""学习任务""知识学习""任务实施""单元小结""单元实训"推进学习过程,将每个项目拆分成若干任务,以任务的完成展开知识的讲解和技能的训练,将理论和实践相结合,充分体现了职业教育的特点。本书配套资源丰富,包括教学大纲、教学课件、电子教案、书中涉及的实例程序代码、样本数据库、重难点知识的微课视频,供师生在教与学中参考使用。

　　全书的编写工作由南京城市职业学院的杨洋独立完成。

　　本书在编写过程中参阅了大量著作、教材和报刊以及网络资料,参考阅读过程中受益匪浅,而这些资料难以全部列举出来,在此向援引的文献作者一并表示衷心的感谢。

　　由于计算机技术日新月异,加之编者水平有限,虽然经过再三勘误,难免存在疏漏和不足,敬请广大读者批评指正。

编　者

2025 年 5 月

目　录

项目一

数据库基础知识

学习目标

(1) 掌握：数据库、数据库管理系统和数据库系统的概念，数据模型的相关概念。

(2) 理解：数据模型的类型。

(3) 了解：信息、数据与数据处理的概念，数据库系统的产生和发展。

学习任务

随着信息化技术的发展，数字化校园建设越来越重要。学校计划开发一个学生信息管理系统，加快数字化校园建设。根据此场景，了解数据库的概念、体系结构。

知识学习

1.1 数据库的基本概念

随着计算机技术的发展，信息技术的应用也日益广泛，作为管理信息资源的数据库技术也得到迅速发展，应用范围涉及管理信息系统、专家系统、过程控制、联机分析处理等各个领域。数据库技术已成为计算机信息系统与应用系统的核心技术和重要基础，成为衡量社会信息化程度的重要标志。

视频讲解

1.1.1 信息、数据与数据处理

数据是数据库中存储的基本对象，是可以被计算机接受并能够被计算机处理的符号。数据的表现形式多样化，可以是数字、文字、图形、图像、声音等信息。

信息是对数据的解释，是经过加工处理后具有一定含义的数据集合，它具有超出事实数据本身之外的价值，能提高人们对事物认识的深刻程度，对决策或行为有现实或潜在的价值。

数据与信息既有联系又有区别。数据是信息的表现形式，信息是加工处理后的数据，是数据表达的内容。同样的数据可因载体的不同表现出不同的形式，而信息则不会随信息载体的不同而改变。

将数据转换成信息的过程称为数据处理，是指利用计算机对原始数据进行科学的采集、整理、存储、加工和传输等一系列活动，从繁杂的数据中获取所需的资料和有用的数据。

1.1.2　数据库、数据库系统、数据库管理系统

1. 数据库

数据库可以理解为是存放数据的仓库，是以一定的方式将相关数据组织在一起并存储在外存储器上所形成的，能为多个用户共享的、与应用程序彼此独立的一组相互关联的数据集合。数据库中的数据按一定的数据模型组织、描述和存储，具有较小的冗余度、较高的数据独立性和易扩展性。

2. 数据库系统

数据库系统是由数据库及其管理软件组成的系统，它是为适应数据处理的需要而发展起来的一种较为理想的数据处理的核心机构，它能够有组织地、动态地存储大量数据，提供数据处理和数据共享机制，是存储介质、处理对象和管理系统的集合体。

3. 数据库管理系统

数据库管理系统是处理数据访问的软件系统，是位于用户与操作系统之间的数据管理软件，用户必须通过数据库管理系统来统一管理和控制数据库中的数据。

数据库管理系统的功能主要包括以下几个方面。

1）数据定义功能

数据定义功能是数据库管理系统面向用户的功能，数据库管理系统提供数据定义语言（DDL），定义数据库中的数据对象，包括三级模式及其相互之间的映像等，如数据库、基本表、视图的定义、数据完整性和安全控制等约束。

2）数据操纵功能

数据操纵功能是数据库管理系统面向用户的功能，数据库管理系统提供数据操纵语言（DML），用户可以使用 DML 对数据库中的数据进行各种操作，如存取、查询、插入、删除和修改等。

3）数据库运行管理功能

数据库的运行管理功能是数据库管理系统的运行控制和管理功能，包括多用户环境下的并发控制、安全性检查和存取限制控制、完整性检查和执行、运行日志的组织管理、事务的管理和自动恢复。这是数据库管理系统的核心部分，所有数据库的操作都要在这些控制程序的统一管理和控制下进行，这些功能保证了数据库系统的正常运行。

4）数据维护功能

数据维护功能包括数据库数据的导入功能、转储功能、恢复功能、重新组织功能、性能监视和分析功能等，这些功能通常由数据库管理系统的许多应用程序提供给数据库管理员。

1.2　数据库管理技术及发展

数据管理是指数据的收集、整理、组织、存储、检索、维护和传送等各种操作，是数据处理中的基本环节，是任何数据处理任务都必须具有的共同部分。

1.2.1　数据管理技术的发展阶段

随着社会的不断进步，人类社会积累的信息正以"几何级数"的速度增长。因此人们过

去传统的、落后的数据处理方法,已经远远适应不了形势发展的需要了,人们对数据处理现代化的需求日益迫切。计算机数据管理技术大致经历了三个阶段。

1. 人工管理阶段

在计算机出现之前,人们运用常规的手段从事记录、存储和对数据加工,也就是利用纸张来记录和利用计算工具来进行计算,并主要利用人的大脑来管理和利用这些数据。20 世纪 50 年代中期以前,计算机主要用于数值计算,数据量较少,一般不需要长期保存。硬件方面,外部存储器只有卡片和纸带,还没有磁盘等直接存取的存储设备;软件方面,没有专门管理数据的软件,数据处理方式基本是批处理。人工管理阶段数据与应用程序之间的关系是一一对应的关系,如图 1-1 所示。

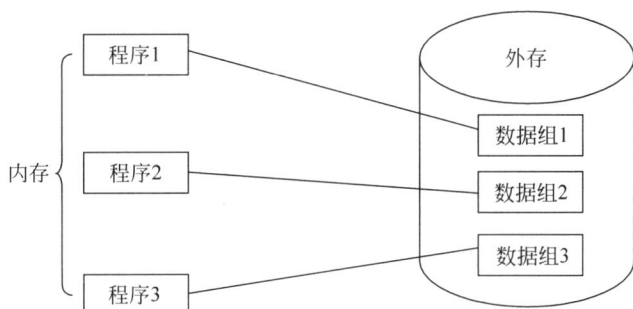

图 1-1　人工管理阶段数据与应用程序之间的关系

2. 文件系统阶段

20 世纪 50 年代后期至 60 年代中后期,计算机不仅用于科学计算,还用于信息管理。硬件方面,外存储器有了磁盘、磁鼓等直接存取的存储设备;软件方面,操作系统中已经有了专门的管理外存的数据软件,称之为文件系统。数据处理方式有批处理和联机实时处理两种。文件系统阶段数据与应用程序之间的关系如图 1-2 所示。

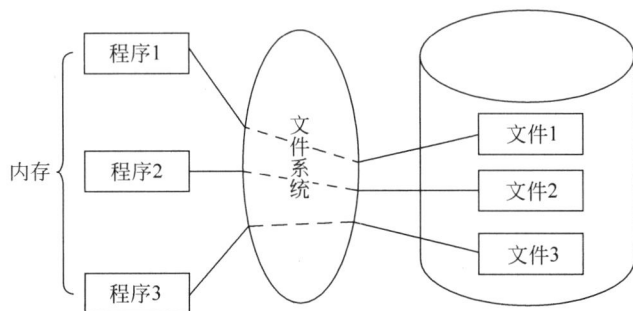

图 1-2　文件系统阶段数据与应用程序之间的关系

虽然文件系统阶段较人工管理阶段有了很大的改进,但仍显露出很多缺点,例如,由于应用程序的依赖性导致编写应用程序不方便;存储在文件中的数据如何存放由程序员自己定义,不统一,难于共享;数据冗余度大,浪费了存储空间;不支持对文件的并发访问;文件间联系弱,必须通过应用程序来实现;难以按最终用户视图表示数据;无安全控制功能等。

3. 数据库系统阶段

20 世纪 60 年代后期,计算机用于管理的范围越来越广泛,数据量也急剧增加。硬件方面,计算机性能得到进一步提高,更重要的是出现了大容量磁盘,存储容量大大增加且价格下降；软件方面，操作系统更加成熟，程序设计语言的功能更加强大。在此基础上，数据库技术应运而生，主要克服文件系统管理数据时的不足，满足和解决实际应用中多个用户、多个应用程序共享数据的要求，从而使数据能为尽可能多的应用程序服务。也因此出现了统一管理数据的专门软件系统，即数据库管理系统。数据库系统阶段数据与应用程序之间的关系如图 1-3 所示。

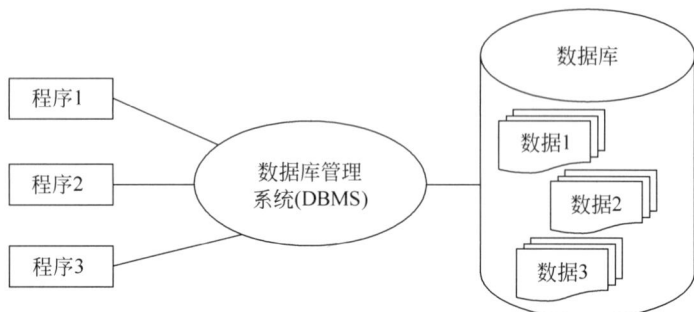

图 1-3　数据库系统阶段数据与应用程序之间的关系

1.2.2　数据库系统的特点

数据库系统的特点体现在如下五个方面。

1．数据共享

这是数据库系统区别于文件系统的最大特点之一，也是数据库系统技术先进性的重要体现。共享是指多用户、多种应用、多种语言互相覆盖的共享数据集合，所有用户可以同时存取数据库中的数据。数据库是面向整个系统的，以最优的方式服务于一个或多个应用程序，实现数据共享。

2．数据结构化

在数据库中，数据不再像文件系统那样从属于特定的应用，而是按照某种数据模型组织成为一个结构化的整体。它不仅描述了数据本身的特性，而且也描述了数据与数据之间的种种联系，这使数据库具备复杂的结构。

数据结构化有利于实现数据共享，数据实现集中统一的存储与管理，各种应用存取各自相关的数据子集，满足各种应用要求，实现数据共享。

3．数据独立性

文件系统管理中，应用程序较依赖于数据文件，如果把应用程序使用的磁带顺序文件改为磁盘索引文件，则必须对应用程序进行修改。而数据库技术的重要特征就是数据独立于应用程序而存在，数据与程序相互独立，互不依赖，不因一方的改变而改变另一方，这大大简化了应用程序的设计与维护的工作量。

4．冗余度低、易扩充

在数据库中，数据共享减少了由于数据冗余造成的不一致现象。由于数据面向整个系统，是有结构的数据，不但可以被多个应用共享使用，而且容易增加新的应用，使得数据库系统弹性大，易于扩充。

5．统一数据控制功能

数据库是系统中各用户的共享资源，因而计算机的共享一般是并发的，即多个用户同时使用数据库。因此,数据库管理系统必须提供以下四个方面的数据控制功能,保证整个系统的正常运转。

1)数据安全性控制

数据的安全性控制是指采取一定的安全保密措施以确保数据库中的数据不被非法用户存取。

2)数据完整性控制

数据的完整性是指数据的正确性、有效性与相容性。系统要提供必要的功能,保证数据库中的数据在输入、修改过程中始终符合原来的定义和规定。

3)并发控制

当多个用户并发进程同时存取、修改数据库中的数据时,可能会发生互相干扰而得到错误结果,使得数据库完整性遭到破坏,因此必须对多用户的并发操作加以控制和协调。

4)数据恢复

当系统发生故障造成数据丢失或当对数据库数据的操作发生错误时,系统能进行应急处理,把数据库恢复到正确状态。

1.3　数据模型

模型是对现实世界中某个对象特征的模拟和抽象。数据模型与具体的数据库管理系统相关,可以说它是概念模型的数据化,是现实世界的计算机模拟。

1.3.1　数据模型的组成要素

数据模型通常有一组严格定义的语法,人们可以使用它来定义、操纵数据库中的数据。数据模型的组成要素为数据结构、数据操作和数据的完整性约束条件。

1.数据结构

数据结构是对系统静态特性的描述,是所研究的对象类型的集合,这些对象和对象类型是数据库的组成部分。一般可分为两类:一类是与数据类型、内容和其他性质有关的对象;一类是与数据之间的联系有关的对象。

在数据库领域中,通常按照数据结构的类型来命名数据模型,进而对数据库管理系统进行分类。如层次结构、网状结构和关系结构的数据模型分别称为层次模型、网状模型和关系模型。相应地,数据库分别称为层次数据库、网状数据库和关系数据库。

2.数据操作

数据操作是对系统动态特性的描述,是指对各种对象类型的实例或值所允许执行的操作的集合,包括操作及有关的操作规则。在数据库中,主要的操作有检索和更新(包括插入、删除、修改)两大类。数据模型定义了这些操作的定义、操作符号、操作规则和实现操作的语言。

3.数据的完整性约束条件

数据的完整性约束条件是完整性规则的集合。完整性规则是指在给定的数据模型中,数据及其联系所具有的制约条件和依存条件,用以限制符合数据模型的数据库的状态以及状态的变化,确保数据的正确性、有效性和一致性。

　　数据模型应该反映和规定符合本数据模型必须遵守的基本的通用的完整性约束条件，还应该提供定义完整性约束条件的机制，用以反映特定的数据必须遵守特定的语义约束条件。

　　数据模型的这三个要素完整地描述了一个数据模型，数据模型不同，描述和实现方法亦不同。

1.3.2　数据模型的类型

　　目前应用数据库系统中的数据模型有层次模型、网状模型和关系模型。

1．层次模型

　　层次模型是数据库系统中最早出现的数据模型，用树形结构表示实体之间的联系。层次模型这种结构方式反映了现实世界中数据的层次结构关系。

　　在现实世界中，许多实体之间的联系本身就是一种自然的层次结构关系，图1-4所示为某学院按层次模型组织的数据示例。

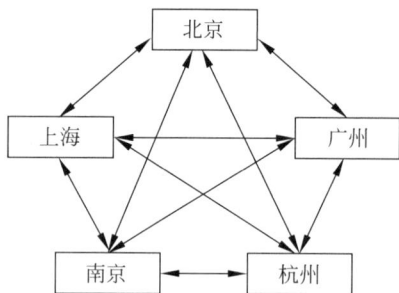

2．网状模型

　　每一个数据用一个节点表示，每个节点与其他节点都有联系，这样，数据库中的所有数据节点就构成了一个复杂的网络，即用网状结构来表示实体及其联系的模型，这样的模型称为网状模型。

　　网络中的每一个节点表示一个记录类型，联系用链接指针来实现。网状模型满足两个条件：允许有一个以上的节点无双亲节点；一个节点可以有多个双亲节点。

　　这样，在网状模型中任何两个节点都可以有联系，从而可以方便地表示各种类型之间的联系，图1-5所示为一个简单的城市之间铁路交通联系的网状模型。

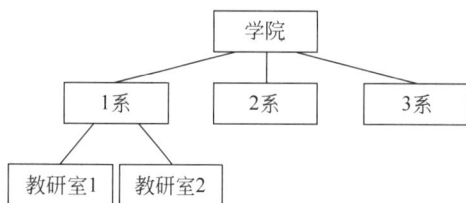

图1-4　某学院按层次模型组织的数据示例　　图1-5　简单的城市之间铁路交通联系的网状模型

　　在网状模型中，由于是通过指针来实现记录之间的联系，所以查询效率较高；而且能表示多对多的联系，能够直接描述复杂的关系。但其编写应用程序比较复杂，程序员必须熟悉数据库的逻辑结构；而且数据的独立性比较差，程序和数据没有完全独立；另外，由于数据间的联系要通过指针表示，指针数据项的存在使数据量大大增加，当数据关系复杂时，指针部分会占用大量数据库存储空间，修改数据库中的数据，指针也必须随着变化。因此，网络数据库中的指针的建立和维护成为相当大的额外负担。

3．关系模型

　　关系模型是以关系数学理论为基础的，用二维表结构来表示实体及实体之间的联系。在关系模型中，经常使用一些概念或名词来描述关系模型的数据结构。例如，关系、元组、属性、域、关系模式、码、候选码或候选键、主码或主键、主属性等。

在关系模型中把数据看作二维表中的元素,操作的对象和结果都是二维表,一张二维表就是一个关系。

关系(或表):一个关系就是一个表,如教师信息表和课程表等。

元组:表中的一行称为一个元组(不包括表头),一个元组对应现实世界的一个实体。

属性:表中的一列称为一个属性,属性对应实体的属性,一个表会有多个属性,每个属性要有一个属性名,同一个表中不能有相同的属性名。

域:属性的取值范围。

分量:元组中的一个属性值。

码:如果表中的某个属性或属性组的值可以唯一地确定一个元组,这样的属性或属性组称为关系的码(候选码或候选键)。

主码:如果表中存在多个码,只能选择其中的一个码来区分元组,被选定的码称为主码或主键,其他候选码或候选键则称为备选键。

主属性:被定义为主码的属性称为主属性,而其他属性则称为非主属性。

关系模式:对关系的描述,一般表示为,关系名(属性1,属性2,…,属性n)。关系模型中没有网状模型中的链接指针,记录之间的联系是通过不同关系中的同名属性来实现的。

例如,在学生成绩管理系统中,有一个学生信息表见表1-1。

表1-1　学生信息表

学　　号	姓　　名	性　　别	籍　　贯	专　　业
2301001	张三	女	南京	计算机应用技术
2301002	李四	男	徐州	计算机网络技术
2301003	王五	男	无锡	通信工程
⋮	⋮	⋮	⋮	⋮

在这个表中,有5个不同的属性,分别是学号、姓名、性别、籍贯和专业,"2301001、张三、女、南京、计算机应用技术"描述的是一个实体(一个学生)的信息,称为一个元组。在关系的5个属性中,学号属性具有唯一识别每个学生的特性,是关系的码。学生信息关系可以描述为,学生(学号,姓名,性别,籍贯,专业)。

关系模型的特点描述如下:建立在关系数据理论之上,有可靠的数据基础;可以描述一对一、一对多和多对多的联系;表示的一致性,实体本身和实体间联系都使用关系描述;关系的每个分量具有不可分性,也就是不允许表中表。

关系模型概念清晰、结构简单、格式唯一、理论基础严格,实体、实体联系和查询结果都采用关系表示,用户比较容易理解。另外,关系模型的存取路径对用户是透明的,程序员无须关心具体的存取过程,减轻了程序员的工作负担,具有较好的数据独立性和安全保密性。但关系模型也有一些缺点,在某些实际应用中,关系模型的查询效率有时不如层次模型和网状模型,因此,为了提高查询的效率,有时需要对查询进行一些特别的优化。

1.4　数据库系统结构

数据库系统结构可以有多种不同的层次或不同的角度。从数据库管理系统角度看,数据库系统通常采用三级模式结构,这是数据库系统内部的体系结构,通常称为数据库模式结构；从数据库最终用户角度来看，数据库系统的结构可以分为单机结构、主从式结构、分布式结构、客户机/服务器结构和浏览器/服务器结构等，这是数据库系统外部的体系结构，简称数据库系统体系结构。

1.4.1　数据库系统的模式结构

实际的数据库管理系统尽管使用的环境不同，内部数据的存储结构不同，使用的语言也不同，但它们的基本结构都采用了三级模式结构，并提供两级映像功能。

1. 三级模式结构

数据库系统的三级模式结构包含外模式、模式和内模式，其结构如图 1-6 所示。三级模式结构把对数据的具体组织留给数据库管理系统管理，使用户能逻辑地、抽象地处理数据，而不必关心数据在计算机中的具体表示与存储。

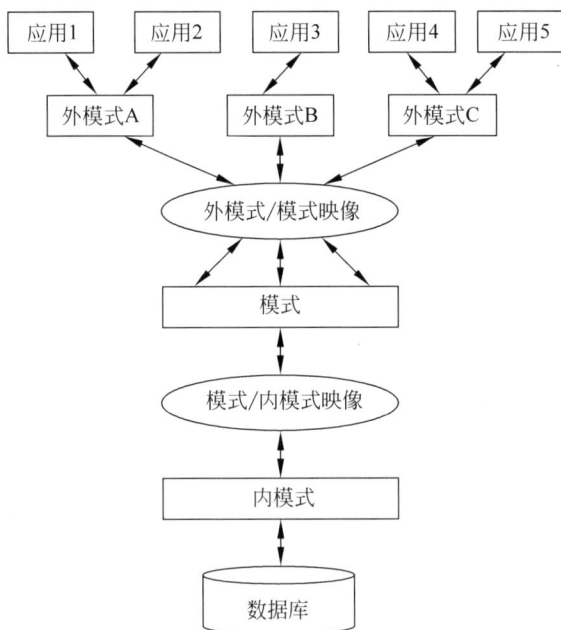

图 1-6　数据库系统的三级模式结构

模式，也称逻辑模式，是数据库中全部数据的逻辑结构和特征的描述，也是所有用户的公共数据视图。它通常以某种数据模型为基础，定义数据库全部数据的逻辑结构，例如，数据记录的名称、数据项的名称、类型、值域等。还要定义数据项之间的联系、不同记录之间的联系以及与数据有关的安全性、完整性等要求。一个数据库系统只能有一个逻辑模式，它不涉及硬件环境和物理存储细节，也不与任何计算机语言有关。数据库管理系统提供模式描述语言（DDL）来定义模式。

外模式，也称子模式或用户模式，是三级模式结构最外层，面向具体用户或应用程序的数据视图，即特定用户或应用程序所涉及的数据的逻辑结构。外模式是模式的子集，不同用户使用不同的外模式。一个数据库可以有多个外模式，每一个外模式都是为不同的用户建立的数据视图。由于各用户的需求和权限不同，各个外模式的描述也是不同的。即使对模式中的同一数据，其在不同外模式中的结构、密级等都可以不同。每个用户只能调用所对应的外模式涉及的数据,其余数据是无法访问的。数据库管理系统提供外模式描述语言来定义外模式。

内模式,也称存储模式或物理模式。它既定义了数据库中全部数据的物理结构,还定义了数据的存储方法、存取策略等。内模式的设计目标是将系统的逻辑模式组织成最优的物理模式,以提高数据的存取效率,改善系统的性能指标。数据库管理系统提供内模式描述语言来描述和定义内模式。

2．数据库的两级映像功能

为了能够在内部实现这三个抽象层次的联系和转换,数据库系统在这三级模式之间提供了两层映像:外模式/模式映像和模式/内模式映像。

外模式/模式映像实现了从外模式到模式之间的相互转换。对于每一个外模式,数据库系统都有一个外模式/模式映像,它定义了该外模式与模式之间的对应关系。这些映像定义通常包含在各自外模式的描述中。当模式改变时,只要相应改变外模式/模式映像,就可以使外模式保持不变。应用程序是依据数据的外模式编写的,外模式不变,应用程序就没必要修改。这种用户数据独立于全局的逻辑数据的特性叫作数据的逻辑独立性。所以外模式/模式映像功能保证了数据的逻辑独立性。

模式/内模式映像实现了从模式到内模式之间的相互转换。模式/内模式映像是唯一的,它定义了数据库全局逻辑结构与存储结构之间的对应关系。当数据库的存储结构改变时,只要相应改变模式/内模式映像,就可使模式保持不变。这种全局的逻辑数据独立于物理数据的特性叫作数据的物理独立性。当内模式改变时,模式和基于模式的应用程序可以保持不变,所以模式/内模式映象功能保证了数据的物理独立性。

数据库的三级模式结构是数据库组织数据的结构框架,依照这些数据框架组织的数据才是数据库的内容。在设计数据库时,主要是定义数据库的各级模式;而用户使用数据时,关心的只是数据库的内容。数据库的模式通常是稳定的,而数据库中的数据经常是变化的。

3．数据库三级模式结构的优点

1)保证数据的独立性

将模式和内模式分开,保证了数据的物理独立性;将外模式和模式分开,保证了数据的逻辑独立性。

2)简化了用户接口

按照外模式编写应用程序或输入命令,而不需要了解数据库逻辑结构,更不需要了解数据库内部的存储结构,方便了用户的使用。

3)有利于数据共享

不同的外模式为不同的用户提供不同的数据视图,从而实现不同用户对数据库中全部数据的共享,减少了数据冗余。

4)有利于数据的安全保密

在外模式下根据要求进行操作,只能对限定的数据进行限定的操作,保证了其他数据的安全性与保密性。

1.4.2　数据库系统的体系结构

一个数据库应用系统通常包括数据存储层、应用层与用户界面三个层次。数据存储层一般由数据库管理系统来承担对数据库的各种维护操作；应用层是使用某种程序设计语言实现用户要求的各项工作的程序；用户界面层是提供用户的可视化图形操作界面，便于用户与数据库系统之间的交互。

从最终用户角度看，数据库系统可分为单机结构、主从式结构、分布式结构、客户机/服务器结构和浏览器/服务器结构5种，下面分别介绍。

1. 单机结构

单机结构是一种比较简单的数据库系统。在单机系统中，整个数据库系统包括的应用程序、数据库管理系统和数据库都安装在一台计算机上，由一个用户独占，不同机器之间不能共享数据。这种数据库系统也称桌面系统。在这种桌面型数据库管理系统中，数据的存储层、应用层和用户的界面层的所有功能都存储在单机上，容易造成大量的数据冗余。

2. 主从式结构

主从式系统是指一台大型主机带若干终端的多用户结构。在这种结构中，全部数据都集中存放在主机中，数据库管理系统和应用程序也存放在主机上，所有处理任务都由主机完成。各终端用户可以并发地访问主机上的数据库，共享其中的数据。

主从式结构的数据库管理系统，数据的存储层和应用层都放在主机上，用户界面层放在各个终端上。当终端用户数目增加到一定程度后，主机的任务将十分繁重，常处于超负荷状态，这样会使系统性能大大降低。

主从式结构的优点在于简单、可靠、安全。缺点是主机的任务很重，终端数目有限，当主机出现故障时，会影响整个系统的使用。

3. 分布式结构

分布式结构是指地理上或物理上分散而逻辑上集中的数据库系统。每台计算机上都装有分布式数据库管理系统和应用程序，可以处理本地数据库中的数据，也可以处理异地数据库中的数据。在分布式数据库系统中，大多数处理任务由本地计算机访问本地数据库完成局部应用；对于少量本地计算机不能胜任的处理任务，通过网络同时存取和处理多个异地数据库中的数据，执行全局应用。分布式数据库系统适应了地理上分散的组织对于数据库应用的需求。

分布式结构的优点是体系结构灵活，能适应分布式管理和控制，经济性能好，可靠性高，在一定的条件下，响应速度快，可扩充性好。其缺点是系统开销较大，存取结构复杂，数据的安全性和保密性问题难以解决等。

4. 客户机/服务器结构（client/server 结构，C/S 结构）

随着工作站功能的增强和广泛使用，人们开始把数据库管理系统的功能和应用分开，网络中专门用于执行数据库管理系统功能的计算机，称为数据库服务器，简称服务器（server）；其他安装数据库应用程序的计算机称为客户机（client），这种结构称为客户机/服务器（C/S）结构。

在 C/S 结构的数据库系统中，数据存储层位于服务器上，而应用层和用户界面层位于客户机上。服务器的任务是完成数据管理、信息共享、安全管理等，它接受并处理来自客户端的数据访问请求，然后将结果返回给用户；客户机的任务是提供用户界面，提交数据访问请求，接受和处理数据库的返回结果。由于服务器对数据服务请求进行处理后只返回结果，而不是返回整个系统，所以减少了网络上的数据传输量，提高了系统的性能和负载能力。

C/S结构的优点,一是可以减少网络流量,提高系统的性能、吞吐量和负载能力;二是使数据库更加开放,客户机和服务器可以在多种不同的硬件和软件平台上运行。C/S结构的缺点是系统的客户端程序更新升级有一定困难。

5. 浏览器/服务器结构(browser/server 结构,B/S 结构)

浏览器/服务器结构是随着互联网技术的兴起,对客户机/服务器体系结构的一种变化或改进的结构。

浏览器/服务器结构由浏览器(browser)、Web服务器、数据库服务器三层结构所组成。在这三层中,Web服务器担任中间层应用服务器的角色,它是连接数据服务器的通道。在浏览器/服务器结构中,用户通过浏览器向 Web 服务器发出请求,服务器对浏览器的请求进行处理,将用户所需的信息返回到浏览器。

B/S结构的优点是,具有分布性特点,可以随时随地进行查询、浏览等业务处理;业务扩展简单方便,通过增加网页便可增加服务器功能;维护简单方便,只需要改变网页,即可实现所有用户的同步更新;开发简单,共享性强。

1.5　数据库系统设计

数据库系统设计是构建高效、可靠、可扩展数据管理系统的基础。它涵盖了从需求收集、概念模型构建到系统实现及后期运维的全过程。数据库系统设计分为六个主要阶段:需求分析、概念设计、逻辑设计、物理设计、数据库实施以及运行与维护。

1. 需求分析

需求分析是数据库系统设计的起点,旨在明确系统需要解决的问题、满足的业务需求以及用户对数据的需求。通过深入了解用户的应用场景、工作流程和数据交互模式,为后续的设计工作奠定坚实的基础。这一阶段的主要任务如下。

(1)收集用户需求:与用户沟通,记录他们对系统的期望、功能需求和性能要求;分析业务需求:将用户需求转化为具体的业务规则和数据需求。

(2)确定数据范围:明确系统将处理的数据类型、数据量及数据间的关系。

(3)编写需求规格说明书:文档化分析结果,为后续阶段提供参考。

2. 概念设计

概念设计阶段将需求分析阶段的结果转化为高层次的数据模型,即概念模型,概念模型通常使用实体-关系图(E-R图)表示。此阶段侧重于理解数据间的逻辑关系,而非具体的实现细节。这一阶段的主要任务如下。

(1)定义实体与属性:识别系统中的主要实体及其属性。

(2)确定实体间关系:分析实体之间的关联,如一对一、一对多或多对多关系。

(3)构建 E-R 图:使用图形化工具绘制 E-R 图,直观展示数据结构。

(4)优化 E-R 图:合并冗余实体、消除不必要的属性等,以提高数据模型的效率和一致性。

3. 逻辑设计

逻辑设计是在概念设计的基础上,将概念模型转化为适用于特定数据库管理系统的逻辑模型(如关系模型)。此阶段关注数据的逻辑组织方式和约束条件。这一阶段的主要任务如下。

（1）转换 E-R 图为关系表：将 E-R 图中的实体和关系转换为关系表。

（2）定义数据完整性约束：设置主键、外键、唯一约束、检查约束等，确保数据的准确性和一致性。

（3）优化数据结构：考虑查询效率、存储空间利用等因素，调整表结构和索引设计。

（4）编写数据字典：详细记录数据库的逻辑结构、数据类型、数据关系等信息。

4．物理设计

物理设计阶段涉及将数据库的逻辑模型映射到具体的物理存储结构上，包括文件组织、索引策略、数据存储分配等。这一阶段的主要任务如下。

（1）确定文件存储结构：选择适合数据库大小和查询性能的文件组织方式。

（2）设计索引：为关键查询路径创建索引，提高检索效率。

（3）分配存储空间：规划数据的物理存储位置，优化磁盘 I/O 操作。

（4）考虑并发控制：设计事务处理和锁机制，确保数据的一致性和完整性。

5．数据库实施

数据库实施阶段是将设计好的数据库结构在数据库中实际创建出来，并加载初始数据的过程。这一阶段的主要任务如下。

（1）创建数据库：根据物理设计结果，在数据库管理系统中创建数据库和表。

（2）加载初始数据：将初始数据导入数据库，进行必要的数据转换和清洗。

（3）编写应用程序接口：开发数据库访问层代码，供应用程序调用。

（4）系统测试：进行功能测试、性能测试和安全性测试，确保系统满足设计要求。

6．运行与维护

运行与维护阶段是数据库系统生命周期中持续时间最长的阶段，包括日常操作、性能调优、安全管理和数据备份等。这一阶段的主要任务如下。

（1）日常操作：监控数据库运行状态，处理用户请求和数据更新。

（2）性能调优：根据系统运行情况，调整索引、查询优化等，提高系统性能。

（3）安全管理：设置访问控制、加密数据、定期审计等，保障数据安全。

（4）数据备份与恢复：定期备份数据，制订灾难恢复计划，确保数据安全可靠。

（5）系统升级与迁移：随着业务需求和技术发展，进行数据库系统的升级或迁移工作。

1.6　数据库新技术

数据库新技术在近年来取得了显著的发展，这些新技术不仅提升了数据库的性能和效率，还拓展了数据库的应用场景。以下是一些主要的数据库新技术及其特点。

1．云数据库技术

云原生数据库技术以云化运行环境为前提，结合分布式技术，采用计算与存储分离的设计思想，能够灵活调动资源进行扩缩容，实现资源池化、弹性变配、集约运维等能力。这种技术使得数据库能够更便捷、更低门槛地实现云上数字化转型与升级。

混合事务与分析处理（hybrid transactional and analytical processing，HTAP）数据库能够统一支持联机事务处理和联机分析处理，避免了传统架构中在线与离线数据库之间大量的数据交互,提升了信息化系统的整体性能。随着技术的不断进步和应用场景的不断拓展,HTAP数据库将在未来发挥更加重要的作用。

2．人工智能与数据库融合

AI优化数据库管理：AI技术深度融入数据库管理、优化等各个环节,通过机器学习算法分析大量数据记录,标记异常值和异常模式,提高数据库的安全性和性能。例如,自动管理计算与存储资源、自动防范恶意访问与攻击、主动实现数据库智能调优等。

数据库支持AI模型：数据库为AI模型提供高效支持,包括向量数据库技术,它高效检索非结构化数据,支持AI大模型等新应用。

3．多模处理技术

一库多用：支持多样化数据结构与处理需求,如键值、文档、列族、图等多种数据模型,满足不同应用场景的需求。

4．数据湖仓一体化技术

数据湖仓一体化技术是一种数据存储和分析的方法,它将数据湖和数据仓库的特点结合在一起,以提高数据处理和分析的效率和灵活性。它是一种新型开放式数据管理架构,它集成了数据湖的灵活性和可扩展性优势以及数据仓库的数据结构和数据管理功能。这种技术旨在通过统一的数据管理平台,实现数据的全面管理和利用,同时提升数据存储的弹性和质量,并降低成本和减小数据冗余。数据湖仓一体化技术使得企业能够更高效地管理和利用海量数据,支持复杂的数据分析和挖掘任务。

5．隐私计算与区块链技术

增强数据隐私保护,确保数据在流通过程中的安全性和可信度。区块链技术通过其去中心化、不可篡改的特性,为数据库中的数据提供了额外的安全保障。

6．新型数据库系统

向量数据库：针对非结构化数据的高效检索而设计,支持AI大模型等新应用。

图数据库：用于存储和查询图结构数据,能够洞悉数据关联价值,打破图数据孤岛。

时空数据库：专门用于处理时空数据,支持空天信息等新兴业务场景。

综上所述,数据库新技术在云原生、人工智能、多模处理、数据湖仓一体化、隐私计算与区块链技术等方面取得了显著进展,这些新技术不仅提升了数据库的性能和效率,还拓展了数据库的应用场景,为企业数字化转型和智能化升级提供了有力支持。

单元小结

本项目对数据、信息和数据处理的定义,数据库、数据库系统和数据库管理系统的概念、特点,数据模型的定义、组成要素和类型,层次模型、网状模型和关系模型的定义、特点,数据库系统结构,数据库系统设计阶段和数据库新技术等,均做了详细的讨论。

数据是数据库中存储的基本对象,是可以被计算机接受并能够被计算机处理的符号。信息是对数据的解释,是经过加工处理后具有一定含义的数据集合。将数据转换成信息的过程称为数据处理。

数据库是以一定的方式将相关数据组织在一起并存储在外存储器上所形成的,能为多个用户共享的、与应用程序彼此独立的一组相互关联的数据集合。数据库系统是由数据库及其管理软件组成的系统,它能够有组织地、动态地存储大量数据,提供数据处理和数据共享机制，是存储介质、处理对象和管理系统的集合体。数据库管理系统是处理数据访问的软件系统，是位于用户与操作系统之间的数据管理软件。数据库管理系统的功能体现在数据定义、数据操纵、数据库运行管理、数据维护四个方面。

计算机数据管理技术大致经历了人工管理、文件系统和数据库系统三个阶段。目前应用数据库系统中的数据模型有层次模型、网状模型和关系模型。

数据库系统结构可以有多种不同的层次或不同的角度。从数据库管理系统角度看，数据库系统通常采用三级模式结构；从数据库最终用户角度来看，数据库系统的结构可以分为单机结构、主从式结构、分布式结构、客户机/服务器结构和浏览器/服务器结构等，简称数据库系统体系结构。

单元实训

【实训目的】

掌握数据库基本概念。

【实训内容】

设计一个图书销售数据库，所涉及的信息包括图书、供应商、客户、出版社等的相关信息。

项目二
安装和配置SQL Server 2022

学习目标

(1) 掌握：SQL Server 2022 的安装。
(2) 理解：SQL Server 2022 管理工具的使用方法。
(3) 了解：SQL Server 2022 的新功能。

学习任务

通过对 SQL Server 2022 的安装、配置和启动，完成 SQL Server 2022 的准备。

知识学习

2.1 SQL Server 2022 概述

视频讲解

SQL Server 2022 是 Microsoft 公司在 2022 年 11 月正式发布的关系数据库管理系统，它是建立在原先 SQL Server 版本基础之上的，对于原有的功能进行了扩充，在性能、稳定性、易用性等方面都有相当大的改进。同时也进一步强化 SQL Server 的云计算功能，借由与 Azure 紧密连接，包括 Azure Synapse Link 和 Microsoft Purview，使用户能够大规模且迅速地执行资料分析、预测和处理。

2.1.1 SQL Server 2022 的新增功能

SQL Server 2022 的新增功能如下。

1. 通过 Azure 实现业务连续性

通过 Azure SQL 托管实例中的链接功能，帮助确保云中完全托管灾难恢复的正常运行时间。持续将数据复制到云端或从云端复制数据。

2. 对本地运营数据进行无缝分析

通过打破运营商店和分析商店之间的壁垒，近乎实时地推动洞察力。通过 Azure Synapse Link 在云中使用 Spark 和 SQL 运行时分析所有数据。

3. 整个数据资产的可见性

使用 Microsoft Purview 管理整个数据资产以克服数据孤岛。

4. 行业领先的性能和可用性

利用性能和可用性来加快查询速度并帮助确保业务连续性。无须更改代码即可加速查询性能和调整。为跨多个位置的用户保持多写入环境平稳运行。

5．机器学习服务

从 SQL Server 2022 开始，R、Python 和 Java 的运行时不再随 SQL 安装程序一起安装。

6．查询存储改进

查询存储可更好地跟踪性能历史记录、排查与查询计划相关的问题，并启用 Azure SQL 数据库、Azure SQL 托管实例和 SQL Server 2022 中的新功能。

7．分析服务

引入了性能、资源管理和客户端支持的新功能和改进。

8．报表服务

引入了可访问性、安全性、可靠性和错误修复方面的新功能和改进。

2.1.2　SQL Server 2022 的硬件要求

1．硬盘要求

SQL Server 2022 要求最少 6GB 的可用硬盘空间。磁盘空间要求将随所安装的 SQL Server 组件不同而发生变化。

2．内存要求

SQL Server 2022 必备的内存最低需要 512MB。微软推荐 1GB 或者更大的内存，建议使用 4GB 或更大的内存。

3．CPU 要求

安装 SQL Server 2022 的 CPU，最低要求 x64 处理器：1.4GHz。推荐使用 2GHz 或以上的处理器。

2.1.3　SQL Server 2022 的软件要求

1．操作系统要求

Windows 10 TH1 1507 或更高版本，Windows Server 2016 或更高版本。

2．组件要求

最低版本操作系统包括最低版本 .NET 框架。

SQL Server Native Client。

SQL Server 安装程序支持文件。

3．网络软件要求

SQL Server 支持的操作系统具有内置网络软件。独立安装项的命名实例和默认实例支持以下网络协议：共享内存、命名管道和 TCP/IP。

任务实施

2.2　安装 SQL Server 2022

本书以 SQL Server 2022 Evaluation 版本为例介绍 SQL Server 2022 的安装过程，在安装前，需将附加组件.NET Framework 3.5 SP1、Microsoft Windows Installer 4.5 或更高版

本等安装至操作系统中。

2.2.1　安装 SQL Server 2022

从光盘或网络中获取 SQL Server 2022 Evaluation 安装文件,即可开始安装,步骤如下。

（1）双击 SQL Server 2022 Evaluation 安装文件,进入"选择安装类型"界面,如图 2-1 所示。

（2）单击图 2-1 左边的"基本"选项卡,弹出"SQL Server 许可条款"界面,单击面板中的"接受"按钮,选择"安装位置",如图 2-2 所示,并单击"安装"按钮,开始安装。

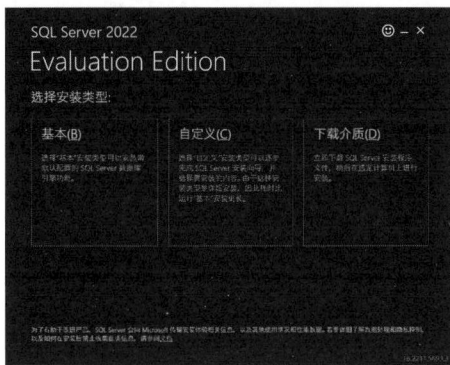

图 2-1　"选择安装类型"界面　　　　　　　图 2-2　选择"安装位置"

（3）进入"下载安装程序包"界面,下载完成后,即开始执行安装过程,进入"安装"界面,如图 2-3 所示。

（4）进入"已成功完成安装"界面,如图 2-4 所示。单击"安装 SSMS"按钮,下载 SQL Server Management Studio(SSMS)。

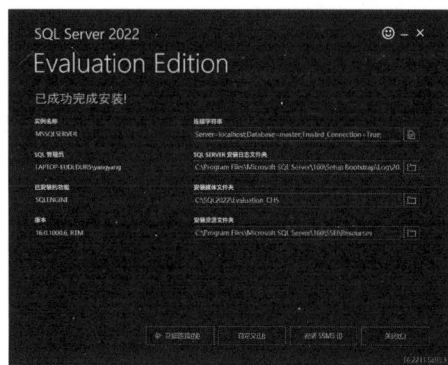

图 2-3　"安装"界面　　　　　　　　　　图 2-4　"已成功完成安装"界面

（5）SSMS 下载完成后,单击安装文件进行安装,进入"SSMS 安装过程"界面,如图 2-5 所示,开始安装 SSMS。

（6）安装完成后,进入"已完成安装程序"界面,如图 2-6 所示,单击"关闭"按钮,成功安装所有组件。

2.2.2　检验安装

安装完成后,需要检验是否安装成功。

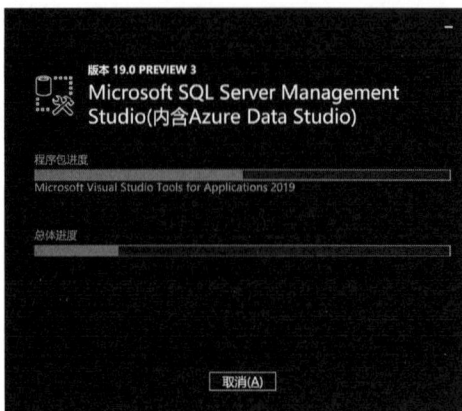

图 2-5 "SSMS 安装过程"界面

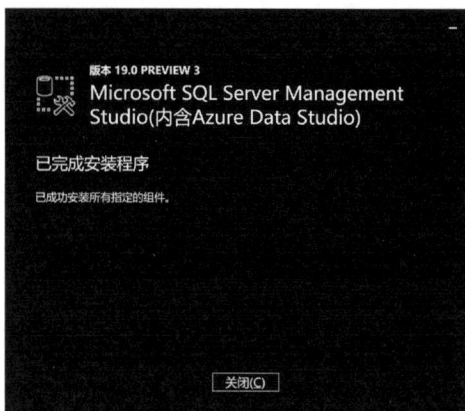

图 2-6 "已完成安装程序"窗口

1．检验安装的服务

在"控制面板"中选择"管理工具"选项，选择"服务"选项，弹出"服务"窗口，如图 2-7 所示，在该窗口的服务列表中找到与 SQL Server 2022 相关的服务，确保每一项服务都按照配置启动，根据需要可更改启动选项。

图 2-7 "服务"窗口

2．检验安装的工具

选择"开始"→"所有程序"→Microsoft SQL Server 2022 命令，打开"SQL Server 2022 组件和工具"菜单，如图 2-8 所示，可以检验安装的组件和工具。

图 2-8 "SQL Server 2022 组件和工具"菜单

2.3　配置 SQL Server 2022

2.3.1　配置服务

配置服务是指管理 SQL Server 2022 的启动状态和使用哪一种账户启动。

配置 SQL Server 2022 服务的方法有两种,一种是使用系统的方法,另一种是使用 SQL Server 2022 自带的 SQL Server 配置管理器工具。

使用系统的方法,在"控制面板"中选择"管理工具"选项,选择"服务"选项,弹出"服务"窗口,在该窗口的服务列表中找到与 SQL Server 2022 相关的服务,右击相应的服务名称,弹出快捷菜单,选择"属性"命令,打开"SQL Server 的属性"对话框,如图 2-9 所示,可以启动、停止和暂停服务。

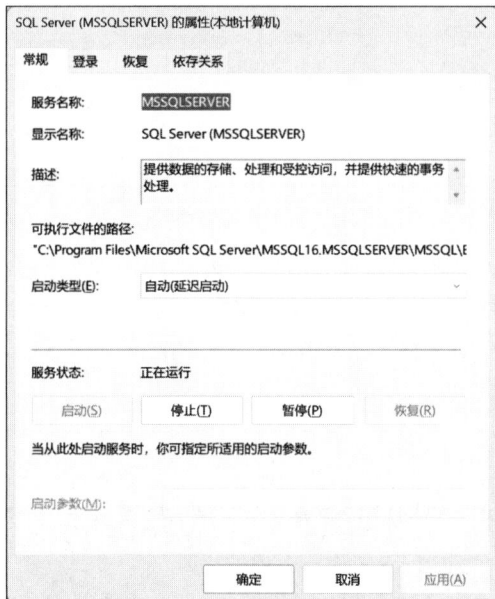

图 2-9　"SQL Server 的属性"对话框

使用 SQL Server 配置管理器工具的方法,选择"开始"→"所有程序"→Microsoft SQL Server 2022 →"SQL Server 2022 配置管理器"命令,弹出"SQL Server 2022 配置管理器"窗口,如图 2-10 所示,选择左边窗格中"SQL Server 服务"选项,右边窗格中出现服务列表,即可进行操作。

图 2-10　"SQL Server 2022 配置管理器"窗口

2.3.2　配置服务器

配置服务器主要是针对安装后的 SQL Server 2022 实例进行的，可以使用 SQL Server Management Studio、sp_configure 系统存储过程、SET 语句等方式设置服务器选项。一般使用 SQL Server Management Studio 工具配置服务器。

（1）选择"开始"→"所有程序"→Microsoft SQL Server Tools 19→Microsoft SQL Server Management Studio 19 命令，弹出"连接到服务器"对话框，如图 2-11 所示。

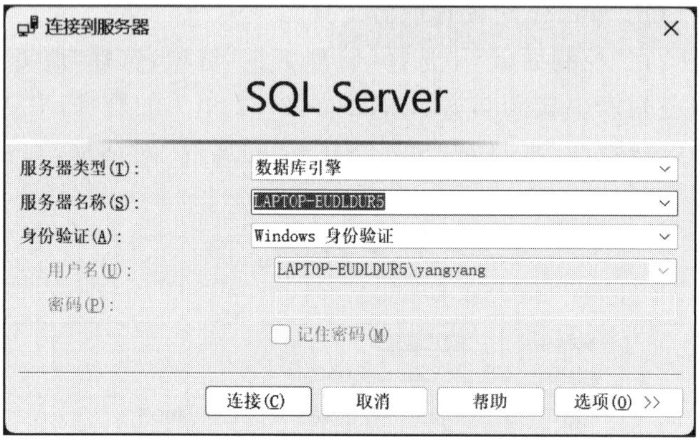

图 2-11　"连接到服务器"对话框

（2）将该对话框中的"服务器类型"设置为"数据库引擎"，"服务器名称"设置为本地计算机名称，"身份验证"选择"Windows 身份验证"。

（3）单击"连接"按钮，服务器进入 Microsoft SQL Server Management Studio 窗口，如图 2-12 所示。

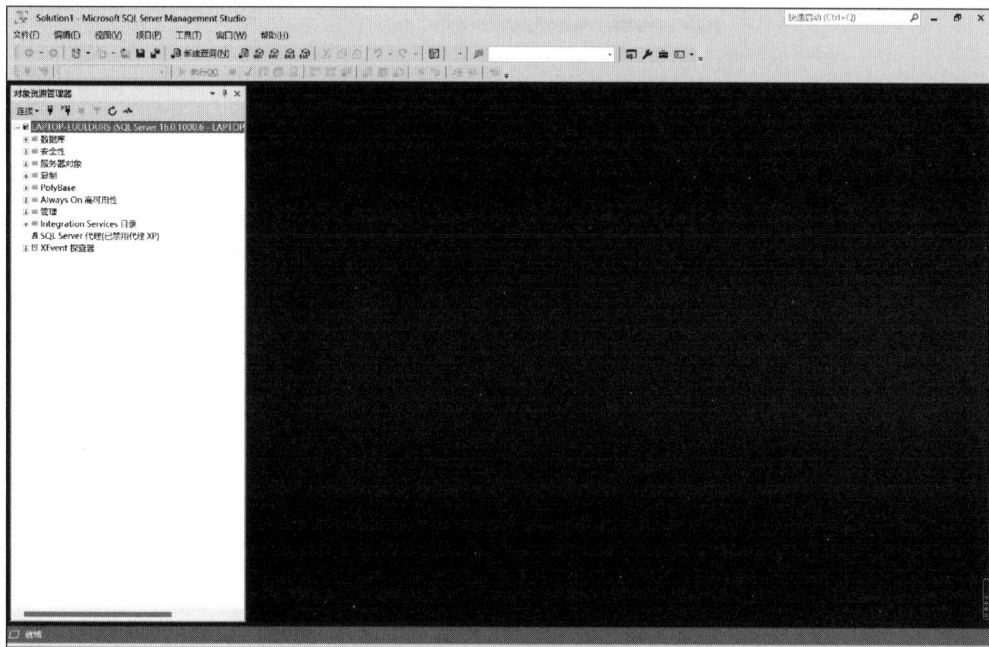

图 2-12　Microsoft SQL Server Management Studio 窗口

（4）在 Microsoft SQL Server Management Studio 窗口的左窗格中，右击要设置的服务器名称，在弹出的快捷菜单中选择"属性"命令，如图 2-13 所示。

图 2-13 选择"属性"命令

（5）弹出"服务器属性"窗口，如图 2-14 所示，该窗口中的"常规"页列出了当前服务产品名称、操作系统名称、平台名称、版本号等信息。

图 2-14 "服务器属性"窗口

单元小结

本项目对 SQL Server 2022 的新增功能做了介绍，对 SQL Server 2022 的安装环境、安装步骤做了详细介绍，对如何配置 SQL Server 2022、SQL Server 2022 管理工具等做了讨论。

SQL Server 2022 在 Microsoft 的数据平台上发布，是一个可信任的、高效的、智能的数据平台，可帮助用户随时随地管理数据而不用管数据存储在哪里。同时也进一步强化 SQL Server 的云计算功能，借由与 Azure 紧密连接，包括 Azure Synapse Link 和 Microsoft Purview，使用户能够大规模且迅速地执行资料分析、预测和治理。

单元实训

【实训目的】

（1）了解安装 SQL Server 2022 的硬件和软件需求。

（2）掌握 SQL Server 2022 的安装过程。

（3）掌握 SQL Server 2022 管理工具的使用方法。

【实训内容】

（1）安装 SQL Server 2022。

（2）启动 SQL Server 2022 中的 SQL Server Management Studio，查看各个组件并进行操作。

（3）操作 SQL Server 2022 中的其他管理工具，体会其功能。

项目三
学生信息数据库的创建和管理

学习目标

（1）掌握：数据库的创建和管理，数据库的分离和附加。
（2）理解：SQL Server 数据库的结构。

学习任务

使用 SQL Server 2022 创建和管理学生信息数据库，并使用 SQL Server 2022 分离和附加该数据库。

知识学习

3.1　SQL Server 数据库的结构

视频讲解

SQL Server 数据库的结构包括数据存储、数据库文件、文件组和数据库对象，数据库的结构主要描述 SQL Server 2022 如何分配数据库空间。

3.1.1　数据存储

SQL Server 有两种存储结构，分别是逻辑存储结构和物理存储结构。逻辑存储结构是指数据库中包含哪些对象，这些对象可以实现什么样的功能，SQL Server 数据库不仅仅只是数据的存储，所有与数据处理操作相关的信息都存储在数据库中；物理存储结构是指数据库文件在磁盘中的存储方式。

3.1.2　数据库的逻辑存储结构

SQL Server 数据库不仅仅是数据的存储，所有与数据处理操作相关的信息都存储在数据库中。实际上，SQL Server 数据库是由表、视图、索引等各种不同的数据库对象组成的，它们分别用来存储特定信息并支持特定功能，构成数据库的逻辑存储结构。SQL Server 包含的对象以及对各对象的简要说明如下。

1. 表

表是 SQL Server 中最重要的数据库对象，表由行和列组成，其定义了具有关联列的行的集合，用来存储和操作数据的逻辑结构。

2．数据类型

定义列或变量的数据类型，SQL Server 提供了系统数据类型，并允许用户自定义数据类型。

3．视图

视图也称为虚拟表，是从一个或多个基本表中引出的表，本身不存储实际数据。经过定义的视图，可以进行查询、修改、删除和更新。数据库中只存放视图的定义而不存放视图对应的数据，这些数据存放在导出视图的基本表中。当基本表中的数据发生变化时，根据视图查询出的数据也发生变化。

4．索引

索引是一种存储结构，能够在无须扫描整个数据表的情况下实现对表中数据的快速访问，索引是关系数据库的内部实现技术，存放于存储文件中。

5．约束

约束定义了可取的值的规则，约束机制保障了数据库中数据的一致性和完整性。

6．默认值

为列提供的默认值。

7．存储过程

存储过程是执行预编译交互式 SQL 语句的集合，是封装了可重用代码的模块或例程。语句集合经过编译后存储在数据库中，能够接收输入参数、输出参数、返回结果和消息等。

8．触发器

触发器是一种特殊的存储过程的形式，它与表紧密关联，当用户对表或视图中的数据进行修改时，触发器将自动执行。触发器能够实现更为复杂的数据操作，有效保障数据库中数据的完整性和一致性。

3.1.3　数据库的物理存储结构

SQL Server 中的物理存储结构主要有文件、文件组、页和盘区等，主要描述 SQL Server 如何为数据库分配空间。

1．主数据文件

主数据文件简称主文件，是数据库的起点，指向数据库中的其他文件，包含了数据库的启动信息，用于存储数据。每个数据库都必须有一个主数据文件，其默认扩展名是.mdf。

2．次要数据文件

次要数据文件用于辅助主文件存储数据，存储未包含在主文件内的其他数据。某些数据库可能不需要次要数据文件，而有些数据库则需要多个次要数据文件。当数据库非常大时，则可能需要多个次要数据文件；当数据库主文件足够大时，可以容纳所有数据，则不需要次要数据文件。次要数据文件的默认扩展名是.ndf。

3．日志文件

日志文件用于保存日后恢复数据库的所有日志信息。每个数据库必须至少有一个日志文件，也可以有多个。日志文件的默认扩展名是.ldf。

在 SQL Server 2022 中，一个数据库至少包含一个主数据文件和一个日志文件。一般情况下，数据库具有一个主数据文件和一个或多个日志文件，可能还具有次要数据文件。

4. 文件组

文件组是在数据库中组织文件的一种管理机制,它将多个数据文件集合成一个整体,便于管理和分配数据。SQL Server 有两种类型的文件组:主文件组和用户定义文件组。

主文件组,包含主数据文件和未明确分配给其他文件组的其他文件。系统表的所有页都分配在主文件组中。

用户定义文件组,是通过在 CREATE DATABASE 或 ALTER DATABASE 语句中使用 FILEGROUP 关键字指定的任何文件组。

在创建数据表时,用户可以指定表到某个文件组,并且通过设置文件组,可以提高数据库的性能。用户可以指定默认文件组,如果用户没有指定默认文件组,则主文件组是默认文件组。

任务实施

3.2　使用 SSMS 创建和管理学生信息数据库

可以用 SQL Server Management Studio 创建和管理数据库。对数据库进行操作主要包括数据库的创建、修改、删除、分离和附加。

3.2.1　使用 SSMS 创建学生信息数据库

在创建数据库时,必须为其确定名称,为每一个文件指定逻辑名、物理名和大小等。具体步骤如下。

（1）打开 SQL Server Management Studio,连接到 SQL Server 上的数据库引擎。

（2）展开服务器,右击"数据库"文件夹,在弹出的快捷菜单中选择"新建数据库"命令,如图 3-1 所示。

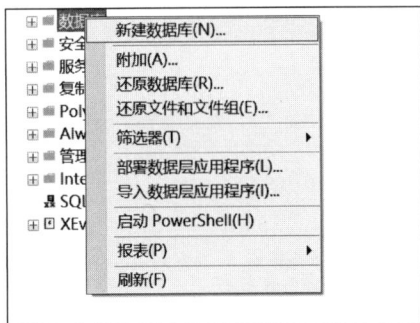

图 3-1　选择"新建数据库"命令

（3）打开"新建数据库"窗口,如图 3-2 所示。在"常规"页中,输入学生信息数据库名称"stuinfo",在"数据库文件"栏中确定数据库文件的逻辑名称、初始大小、自动增长方式、存储位置等。

（4）若要添加数据文件或日志文件,可单击"新建数据库"窗口下方的"添加"按钮,输入相应的信息。

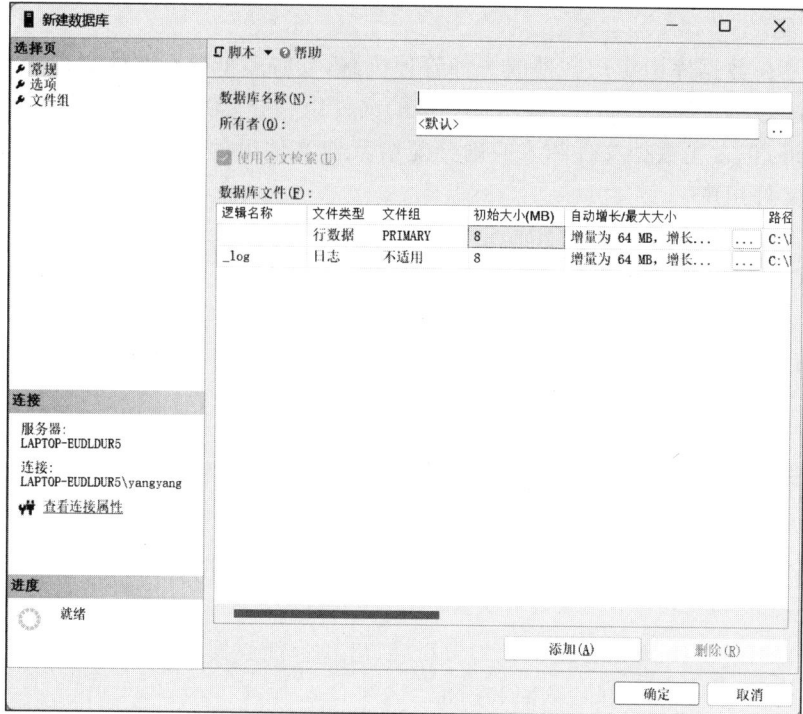

图 3-2　"新建数据库"窗口

（5）若要添加文件组，选择"文件组"页，如图 3-3 所示，单击"添加文件组"按钮，输入文件组名称。

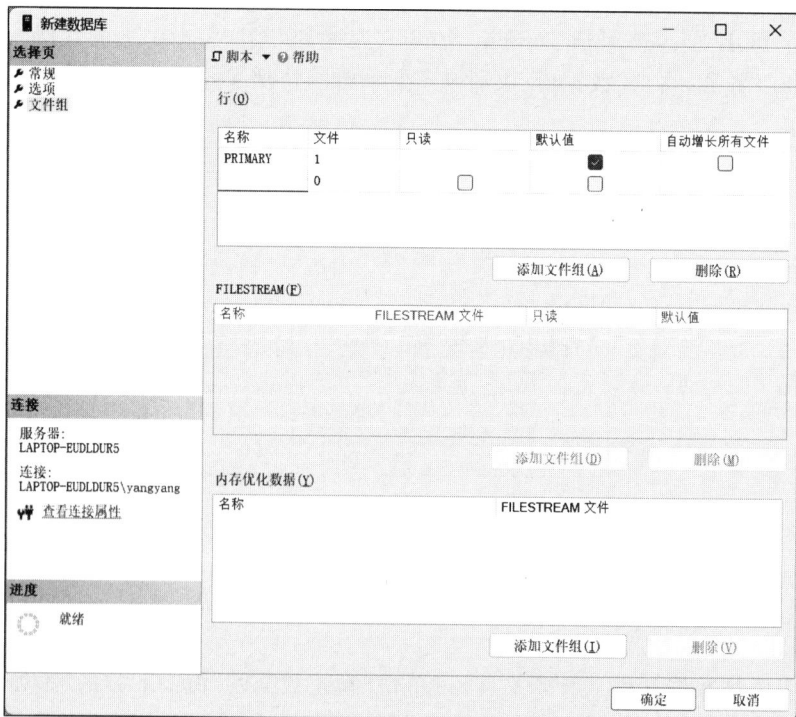

图 3-3　"新建数据库"窗口中的"文件组"页

（6）单击"确定"按钮，完成学生信息数据库 stuinfo 的创建。

3.2.2　使用 SSMS 修改和删除学生信息数据库

当数据库创建后，数据文件名和日志文件名不能修改，有时需要对数据库其他选项进行修改，如增加或删除数据文件和日志文件，修改数据文件和日志文件的大小、增长方式，修改数据库选项等。

随着数据库系统的长时间使用之后，运行效率逐渐下降，有一些数据库不再需要使用，或者其已被移到其他数据库或服务器上时，可以删除这些数据库，数据库删除之后，文件及其数据都被删除，及时释放所占的资源和空间。

【例 3.1】　在已创建好的 stuinfo 数据库中，将其主文件的初始大小修改为 10MB，主文件增长方式修改为按百分比增长，每次增长 5%，最大可增长到 200MB；并向该数据库中添加数据文件 stuinfodata，其属性取默认值；再向该数据库添加一个名为 stuinfogroup 的文件组，设置其为只读。

操作步骤如下。

（1）打开 SQL Server Management Studio，连接到 SQL Server 上的数据库引擎。

（2）展开服务器中的"数据库"。

（3）选择要修改的数据库 stuinfo，右击，在弹出的快捷菜单中选择"属性"命令。

（4）打开"数据库属性-stuinfo"窗口，在"文件"页中，在主文件的"初始大小"文本框内输入 10，单击主文件"自动增长"栏后的按钮，弹出"更改 stuinfo 的自动增长设置"对话框，如图 3-4 所示，将其增长方式设置为按百分比增长，每次增长 5%，限制文件增长到 200MB，单击"确定"按钮。

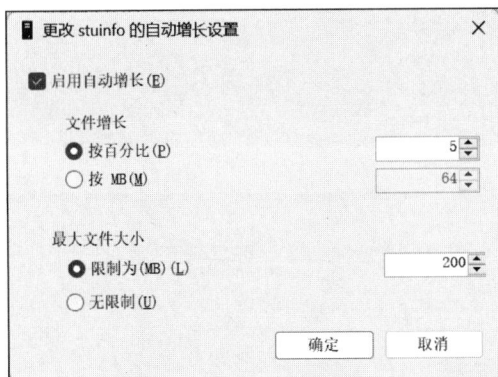

图 3-4　"更改 stuinfo 的自动增长设置"对话框

（5）返回"数据库属性-stuinfo"窗口，单击"文件"页右下方的"添加"按钮，数据库文件下方增加一行文件项，如图 3-5 所示，在该文件项的"逻辑名称"文本框中输入 stuinfodata，其他属性不变。

（6）单击"文件组"页右下方的"添加文件组"按钮，文件组下方增加一行文件组项，如图 3-6 所示，在该文件组项的"名称"文本框中输入 stuinfogroup，勾选"只读"复选框，单击"确定"按钮，完成数据库的修改。

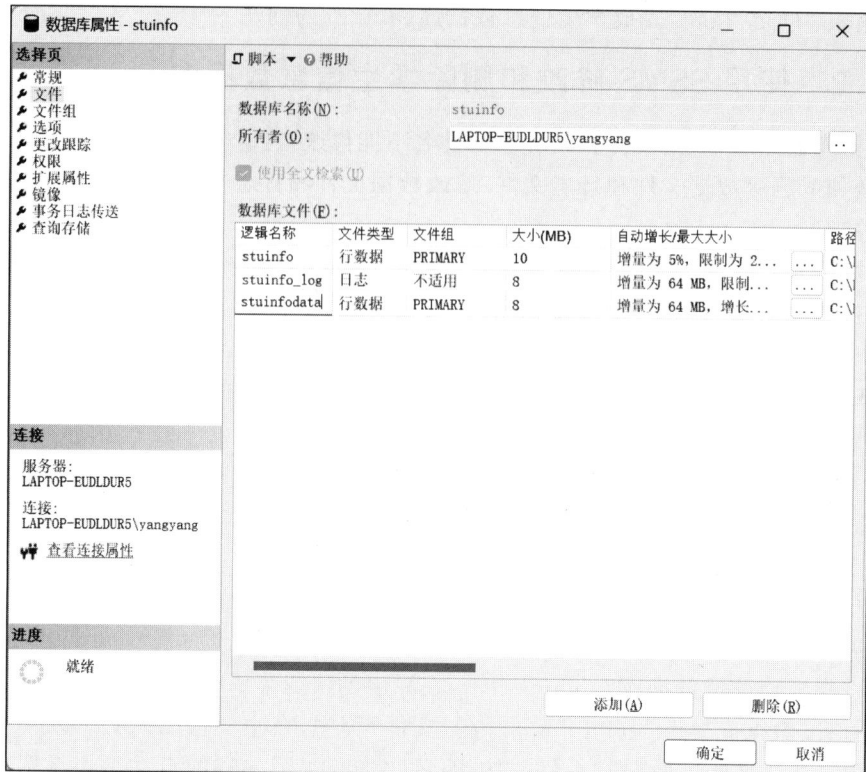

图 3-5　"数据库属性-stuinfo"窗口中的"文件"页

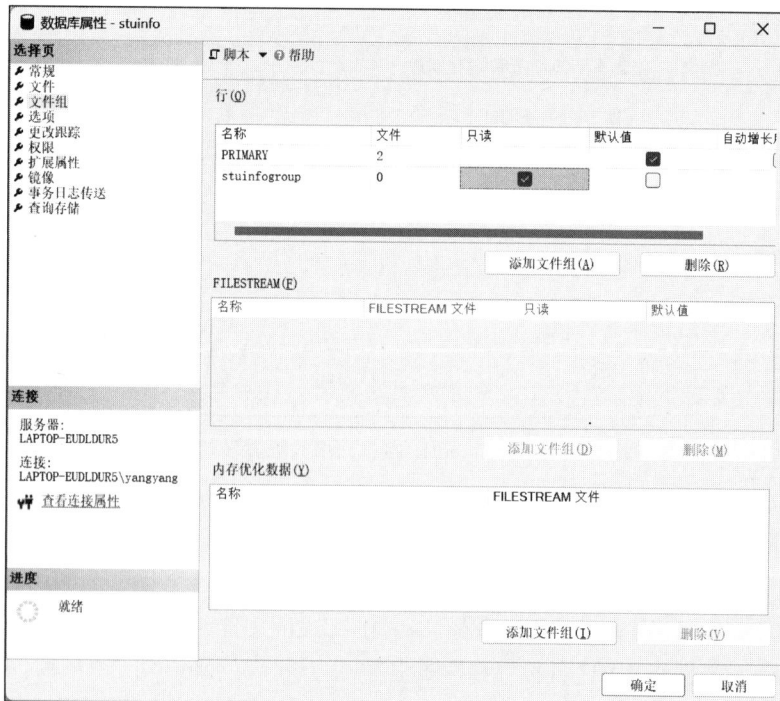

图 3-6　"数据库属性-stuinfo"窗口中的"文件组"页

【例 3.2】 将创建的数据库 stuinfo 的名称修改为 stuinfo1。

操作步骤如下。

（1）打开 SQL Server Management Studio，连接到 SQL Server 上的数据库引擎。

（2）展开服务器中的"数据库"文件夹。

（3）右击要修改的数据库 stuinfo，在弹出的快捷菜单中选择"重命名"命令，如图 3-7 所示。

图 3-7 选择"重命名"命令

（4）输入新的数据库名称 stuinfo1，成功修改数据库的名称。

【例 3.3】 删除 stuinfo1 数据库。

操作步骤如下。

（1）打开 SQL Server Management Studio，连接到 SQL Server 上的数据库引擎。

（2）展开服务器中的"数据库"文件夹。

（3）右击 stuinfo1 数据库，在弹出的快捷菜单中选择"删除"命令，如图 3-8 所示。

图 3-8 选择"删除"命令

（4）弹出"删除对象"对话框，单击"确定"按钮，删除 stuinfo1 数据库。

重要提示：

修改数据库文件的初始大小时，新指定的空间大小值需大于或等于当前文件初始空间的值；修改数据库后，最好及时备份 master 数据库。删除数据库文件或文件组，选中需删除的文件或文件组，单击窗口右下方的"删除"按钮，单击"确定"按钮后即可删除。但不能删除主文件组（PRIMARY）。

重命名数据库的前提条件是确保没有人使用该数据库，并且将数据库设置为单用户模式。由于数据库创建之后，大多数应用程序可能已经使用该名称，因此，不建议用户重命名已经创建好的数据库。

数据库删除之后，它将被永久删除，将不能再对该数据库进行任何操作。当有用户正在使用某个数据库时，该数据库是不能被删除的。系统数据库是不能删除的。删除数据库后应及时备份 master 数据库。

3.2.3　使用 SSMS 分离和附加学生信息数据库

在实际应用中，需要通过数据库的分离和附加来实现将数据库移到另一台计算机上。分离和附加功能允许在实例和服务器之间移动和复制数据库，也可以在不删除关联数据文件和日志文件的情况下从实例中移走数据库。

【例 3.4】　分离 stuinfo1 数据库（假设例 3.3 中 stuinfo1 数据库没有删除）。

操作步骤如下。

（1）打开 SQL Server Management Studio，连接到 SQL Server 上的数据库引擎。

（2）展开服务器中的"数据库"文件夹。

（3）右击 stuinfo1 数据库，在弹出的快捷菜单中选择"任务"→"分离"命令，如图 3-9 所示。

图 3-9　选择"任务"→"分离"命令

（4）弹出"分离数据库"窗口，如图 3-10 所示。

图 3-10　"分离数据库"窗口

（5）单击"确定"按钮，完成数据库的分离。

【例 3.5】　将例 3.4 分离的 stuinfo1 数据库附加至本地服务器中。

操作步骤如下。

（1）打开 SQL Server Management Studio，连接到 SQL Server 上的数据库引擎。

（2）展开服务器，右击"数据库"文件夹，在弹出的快捷菜单中选择"附加"命令，如图 3-11 所示。

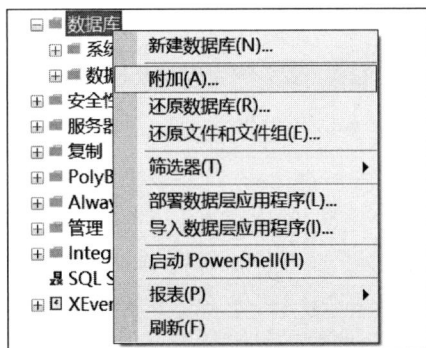

图 3-11　选择"附加"命令

（3）弹出"附加数据库"窗口，在该窗口中单击"添加"按钮，在弹出的"定位数据库文件"窗口中，如图 3-12 所示，选择要导入的数据库文件 stuinfo.mdf。

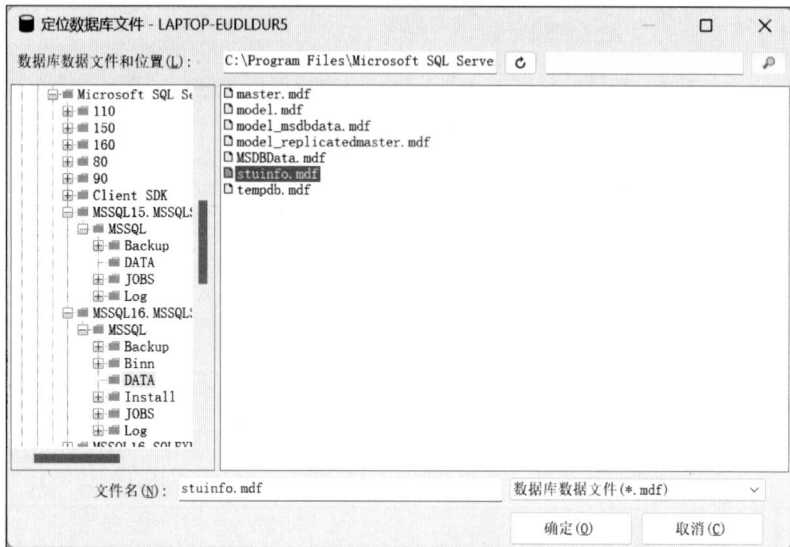

图 3-12　"定位数据库文件"窗口

（4）在图 3-12 中，单击"确定"按钮，返回"附加数据库"窗口，此时数据库文件已添加进来，如图 3-13 所示。

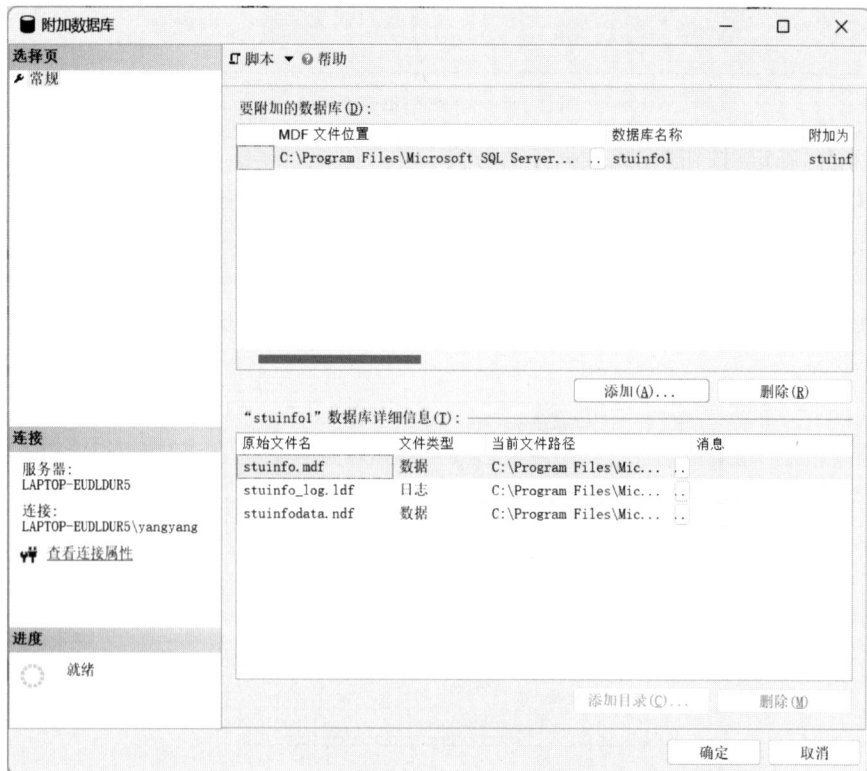

图 3-13　已添加数据库文件的"附加数据库"窗口

（5）单击"确定"按钮，开始附加 stuinfo1 数据库。附加成功后，在"数据库"文件夹下可以找到 stuinfo1 数据库。

重要提示：

附加数据库时，所有数据库文件都必须可用。如果任何数据库文件的路径不同于第一次创建数据库或上次附加数据库时的路径，则必须指定文件的当前路径。如果当前数据库中存在与要附加的数据库同名的数据库，附加操作将失败。

3.3　使用 Transact-SQL 语句创建与管理学生信息数据库

除了使用 SQL Server Management Studio 的图形界面方式创建和管理数据库以外，还可以使用 Transact-SQL 语句创建和管理数据库，下面介绍如何使用 Transact-SQL 语句创建和管理数据库。

3.3.1　使用 Transact-SQL 语句创建学生信息数据库

用 Transact-SQL 语句创建数据库使用 CREATE DATABASE 命令来完成，创建前要确保用户具有创建数据库的权限。

语法格式：

```
CREATE DATABASE database_name
    [ON
      [PRIMARY][<filespec>[,…n]
      [,<filegroup>[,…n]]
      [LOG ON <filespec>[,…n]]][;]
其中,
<filespec>::=
    (NAME = logical_file_name,
     FILENAME = {'os_file_name'|'filestream_path'}
    [,SIZE = size[KB|MB|GB|TB]]
    [,MAXSIZE = {max_size[KB|MB|GB|TB]|UNLIMITED}]
    [,FILEGROWTH = growth_increment[KB|MB|GB|TB|%]])
<filegroup>::= FILEGROUP filegroup_name <filespec>[,…n]
]
[;]
```

说明：Transact-SQL 语言的约定和说明见表 3-1。

表 3-1　Transact-SQL 语言的约定和说明

约　　定	用　　途
|	分隔括号或大括号中的语法项，只能选其一
[]	可选语法项
<>	必选语法项
[,….n]	前面的项可以重复 n 次，每一项由逗号分隔
[….n]	前面的项可以重复 n 次，每一项由空格分隔
[;]	可选的终止符
<label>::=	语法块的名称
语法中的大写部分	Transact-SQL 语言中的关键语法

创建数据库的语法格式说明如下。

（1）database_name：新创建数据库的名称。数据库名称在 SQL Server 的实例中必须唯一，并且必须符合标识符规则，长度不可超过 128 个字符。

（2）ON：指定用来存储数据库的数据文件和文件组。

（3）PRIMARY：指定主文件。

（4）LOG ON：指定事务日志文件的明确定义。

（5）NAME＝ logical_file_name：指定数据文件或日志文件的逻辑文件名。

（6）FILENAME＝'os_file_name'：指定数据文件或日志文件的物理文件名，即创建文件时由操作系统使用的路径和文件名；FILENAME ＝'filestream_path'：对于 FILESTREAM 文件组，FILENAME 指向将存储 FILESTREAM 数据的路径。

（7）SIZE＝size：指定数据文件或日志文件的初始大小。

（8）MAXSIZE＝max_size：指定数据文件或日志文件可增大到的最大大小。

（9）FILEGROWTH＝growth_increment：指定数据文件或日志文件的自动增量。

（10）＜filegroup＞：控制数据库文件组的属性。其中，filegroup_name 为文件组的逻辑名称。

【例 3.6】　创建一个名为 stuinfo 的学生信息数据库，其初始大小 2MB，最大大小为 200MB，允许数据库自动增长，增长方式是 5％比例增长；日志文件初始大小为 2MB，最大可增长到 50MB，按 2MB 增长。数据库文件存放位置为"C:\Program Files\Microsoft SQL Server\MSSQL16.SQLEXPRESS\MSSQL\DATA"。

操作步骤如下。

（1）打开 SQL Server Management Studio，连接到 SQL Server 上的数据库引擎。

（2）在 SSMS 窗口单击左上方的"新建查询"按钮，新建一个查询窗口，在查询分析器中输入如下 Transact-SQL 语句：

```
CREATE DATABASE stuinfo
ON
(
NAME = 'stuinfodata',
FILENAME = 'C:\Program Files\Microsoft SQL Server\MSSQL16.SQLEXPRESS\MSSQL\DATA\stuinfo.mdf',
SIZE = 2MB,
MAXSIZE = 200MB,
FILEGROWTH = 5 % )
LOG ON
(
NAME = 'stuinfolog',
FILENAME = 'C:\Program Files\Microsoft SQL Server\MSSQL16.SQLEXPRESS\MSSQL\DATA \stuinfolog.ldf',
SIZE = 2MB,
MAXSIZE = 50MB,
FILEGROWTH = 2MB
);
```

（3）输入完毕后，单击 SSMS 窗口上方的"执行"按钮，成功创建 stuinfo 数据库，如图 3-14 所示。

```
CREATE DATABASE stuinfo
ON
(
NAME='stuinfodata',
FILENAME='C:\Program Files\Microsoft SQL Server\MSSQL16.SQLEXPRESS\MSSQL\DATA\stuinfo.mdf',
SIZE=2MB,
MAXSIZE=200MB,
FILEGROWTH=5%)
LOG ON
(
NAME='stuinfolog',
FILENAME='C:\Program Files\Microsoft SQL Server\MSSQL16.SQLEXPRESS\MSSQL\DATA\stuinfolog.ldf',
SIZE=2MB,
MAXSIZE=50MB,
FILEGROWTH=2MB
);
```

100 %

消息
命令已成功完成。

图 3-14　成功创建 stuinfo 数据库

【例 3.7】　创建一个名为 test 的数据库,它有 3 个数据文件。其中 testdata1 是主文件,初始大小为 10MB,最大大小不限,按 5% 增长;testdata2 是次要数据文件,初始大小为 5MB,最大大小不限,按 10% 增长;testlog 是日志文件,初始大小为 5MB,最大大小为 100MB,按 2MB 增长。数据文件存放位置为"C:\DATA"。

视频讲解

在查询分析器中输入如下 Transact-SQL 语句并执行:

```
CREATE DATABASE test
ON
PRIMARY(
NAME = 'testdata1',
FILENAME = 'C:\DATA\testdata1.mdf',
SIZE = 10MB,
MAXSIZE = UNLIMITED,
FILEGROWTH = 5 %
),
(
NAME = 'testdata2',
FILENAME = 'C:\DATA\testdata2.ndf',
SIZE = 5MB,
MAXSIZE = UNLIMITED,
FILEGROWTH = 10 %
)
LOG ON
(
NAME = 'testlog',
FILENAME = 'C:\DATA\testlog.ldf',
SIZE = 5MB,
MAXSIZE = 100MB,
FILEGROWTH = 2MB
);
```

执行结果如图 3-15 所示。

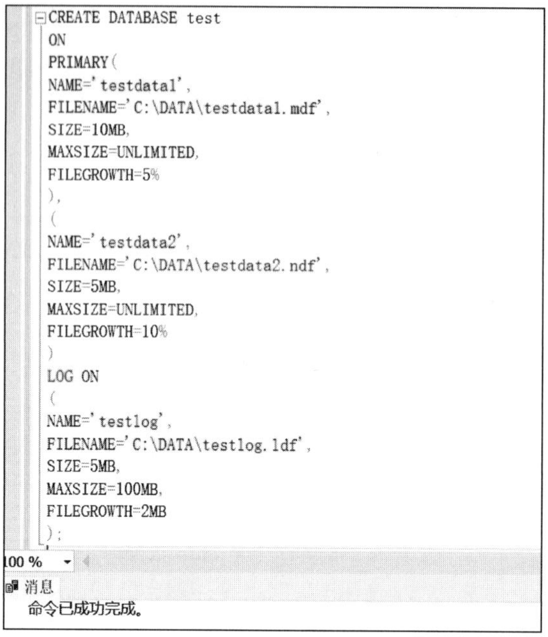

```
CREATE DATABASE test
ON
PRIMARY(
NAME='testdata1',
FILENAME='C:\DATA\testdata1.mdf',
SIZE=10MB,
MAXSIZE=UNLIMITED,
FILEGROWTH=5%
),
(
NAME='testdata2',
FILENAME='C:\DATA\testdata2.ndf',
SIZE=5MB,
MAXSIZE=UNLIMITED,
FILEGROWTH=10%
)
LOG ON
(
NAME='testlog',
FILENAME='C:\DATA\testlog.ldf',
SIZE=5MB,
MAXSIZE=100MB,
FILEGROWTH=2MB
);
```

100 %　▼

消息
命令已成功完成。

图 3-15　成功创建 test 数据库

【例 3.8】　创建一个具有 2 个文件组的数据库 testnew。其中,主文件组包括文件 testnewdata1,初始大小 10MB,最大大小为 100MB,按 10MB 增长;1 个文件组名为 test2group1, 包括文件 testnewdata2,文件初始大小为 5MB,最大为 50MB,按 10％增长。数据文件存放 位置为"C:\DATA"。

在查询分析器中输入如下 Transact-SQL 语句并执行:

```
CREATE DATABASE testnew
ON
PRIMARY(
NAME = 'testnewdata1',
FILENAME = 'C:\DATA\testnewdata1.mdf',
SIZE = 10MB,
MAXSIZE = 100MB,
FILEGROWTH = 10MB
),
FILEGROUP test2group1
(
NAME = 'testnewdata2',
FILENAME = 'C:\DATA\testnewdata2.ndf',
SIZE = 5MB,
MAXSIZE = 50MB,
FILEGROWTH = 10 %
);
```

执行结果如图 3-16 所示。

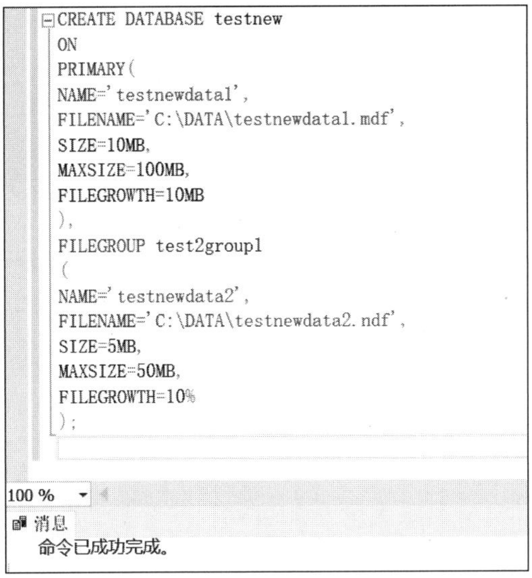

```
□CREATE DATABASE testnew
 ON
 PRIMARY(
 NAME='testnewdata1',
 FILENAME='C:\DATA\testnewdata1.mdf',
 SIZE=10MB,
 MAXSIZE=100MB,
 FILEGROWTH=10MB
 ),
 FILEGROUP test2group1
 (
 NAME='testnewdata2',
 FILENAME='C:\DATA\testnewdata2.ndf',
 SIZE=5MB,
 MAXSIZE=50MB,
 FILEGROWTH=10%
 );
```

```
100 %    ◄
□ 消息
 命令已成功完成。
```

图 3-16　成功创建 testnew 数据库

3.3.2　使用 Transact-SQL 语句修改学生信息数据库

使用 ALTER DATABASE 命令可以对数据库进行修改,包括增加或删除数据文件,改变数据文件、日志文件的大小和增长方式,增加或删除日志文件,增加或删除文件组。

语法格式如下:

```
ALTER DATABASE database_name
   ADD FILE < filespec >[,…n]
 | ADD LOG FILE < filespec >[,…n]
 | REMOVE FILE logical_file_name
 | ADD FILEGROUP filegroup _name
 | REMOVE FILEGROUP filegroup_name
 | MODIFY FILE < filespec >
 | MODIFY NAME = new_dbname
 | MODIFY FILEGROUP filegroup_name
 [;]
```

语法说明如下。

(1) database_name:数据库名。

(2) ADD FILE:添加数据文件。< filespec >是给出文件的属性。

(3) ADD LOG FILE:添加日志文件。< filespec >是给出日志文件的属性。

(4) REMOVE FILE:删除数据文件。logical_file_name 是给出删除的数据文件的逻辑文件名。

(5) ADD FILEGROUP:添加文件组。

(6) REMOVE FILEGROUP:删除文件组。

(7) MODIFY FILE:修改数据文件的属性。

(8) MODIFY NAME:更改数据库名。new_dbname 是给出新的数据库名。

(9) MODIFY FILEGROUP:更改文件组的属性。

【例 3.9】 在例 3.7 中,已创建了 test 数据库,其中 testdata1 主文件,初始大小为 10MB,最大大小不限,按 5％增长。现修改为,其最大大小为 500MB,增长方式按 2MB 增长。

在查询分析器中输入如下 Transact-SQL 语句并执行:

```
ALTER DATABASE test
MODIFY FILE
(
NAME = testdata1,
MAXSIZE = 500MB,
FILEGROWTH = 2MB
);
```

执行结果如图 3-17 所示。

【例 3.10】 先从数据库 test 中删除 testdata2 数据文件,然后再增加次要数据文件 testdata2,要求初始大小为 1MB,最大大小 100MB,按 2％增长。

在查询分析器中输入如下 Transact-SQL 语句并执行:

```
ALTER DATABASE test
REMOVE FILE testdata2
```

在查询分析器中输入如下 Transact-SQL 语句并执行:

```
ALTER DATABASE test
ADD FILE
(
NAME = 'testdata2',
FILENAME = 'C:\DATA\testdata2.ndf',
SIZE = 1MB,
MAXSIZE = 100MB,
FILEGROWTH = 2 %
);
```

执行结果如图 3-18 所示。

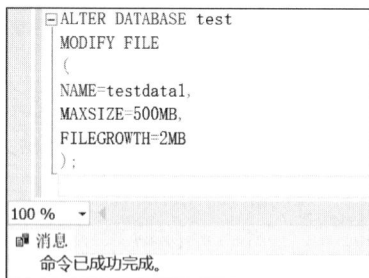

图 3-17　成功修改数据库 test 的数据文件

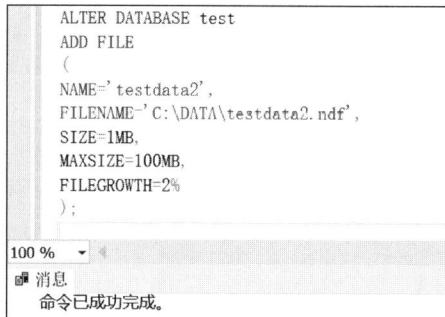

图 3-18　成功增加数据文件

3.3.3　使用 Transact-SQL 语句查看学生信息数据库信息

在 SQL Server 2022 中,可以使用存储过程来查看数据库的属性。

1. 使用 sp_helpdb 查看数据库信息

语法格式：

```
sp_helpdb [database_name][;]
```

语法说明：database_name 是指定的数据库名称，若不给出指定数据库，则显示服务器中所有数据库的信息。

【例 3.11】 查看 testnew 数据库的信息。

在查询分析器中输入如下 Transact-SQL 语句并执行：

```
EXEC sp_helpdb testnew;
```

【例 3.12】 查看服务器中所有数据库的信息。

在查询分析器中输入如下 Transact-SQL 语句并执行：

```
EXEC sp_helpdb;
```

执行结果如图 3-19 所示。

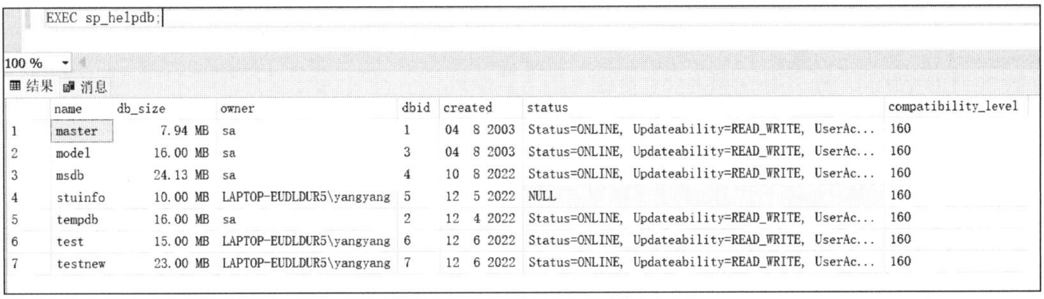
EXEC sp_helpdb;
100 %
结果 消息

	name	db_size	owner	dbid	created	status	compatibility_level
1	master	7.94 MB	sa	1	04 8 2003	Status=ONLINE, Updateability=READ_WRITE, UserAc...	160
2	model	16.00 MB	sa	3	04 8 2003	Status=ONLINE, Updateability=READ_WRITE, UserAc...	160
3	msdb	24.13 MB	sa	4	10 8 2022	Status=ONLINE, Updateability=READ_WRITE, UserAc...	160
4	stuinfo	10.00 MB	LAPTOP-EUDLDUR5\yangyang	5	12 5 2022	NULL	160
5	tempdb	16.00 MB	sa	2	12 4 2022	Status=ONLINE, Updateability=READ_WRITE, UserAc...	160
6	test	15.00 MB	LAPTOP-EUDLDUR5\yangyang	6	12 6 2022	Status=ONLINE, Updateability=READ_WRITE, UserAc...	160
7	testnew	23.00 MB	LAPTOP-EUDLDUR5\yangyang	7	12 6 2022	Status=ONLINE, Updateability=READ_WRITE, UserAc...	160

图 3-19　查看所有数据库的信息

2. 使用 sp_databases 查看可以使用的数据库的信息

语法格式：

```
sp_databases[;]
```

语法说明：显示所有可以使用的数据库的名称和大小。

【例 3.13】 查看有哪些数据库可以使用。

在查询分析器中输入如下 Transact-SQL 语句并执行：

```
EXEC sp_databases;
```

3. 使用 sp_helpfile 查看数据库文件信息

语法格式：

```
sp_helpfile [filename][;]
```

语法说明：显示与当前数据库关联的文件的物理名称及属性。若不指定文件名，则显示数据库的所有文件的信息。

【例 3.14】 查看 test 数据库中的日志文件的信息。

在查询分析器中输入如下 Transact-SQL 语句并执行：

```
EXEC sp_helpfile testlog;
```

执行结果如图 3-20 所示。

图 3-20　查看 test 数据库中的日志文件的信息

4. 使用 sp_helpfilegroup 查看文件组信息

语法格式：

```
sp_helpfilegroup [filename][;]
```

语法说明：显示与当前数据库关联的文件组的物理名称及属性。若不指定文件组名，则显示当前数据库的所有文件组的信息。

读者根据该语法格式自行练习。

3.3.4　使用 Transact-SQL 语句重命名学生信息数据库

可以使用 ALTER DATABASE 语句重命名数据库，语法格式如下。

```
ALTER DATABASE database_name
    MODIFY NAME = new_database_name[;]
```

语法格式说明如下。

（1）database_name：要修改的数据库的名称。

（2）new_database_name：新数据库名称。

【例 3.15】 将数据库 testnew 的名称修改为 test1。

在查询分析器中输入如下 Transact-SQL 语句并执行：

```
ALTER DATABASE testnew
    MODIFY NAME = test1;
```

执行结果如图 3-21 所示。

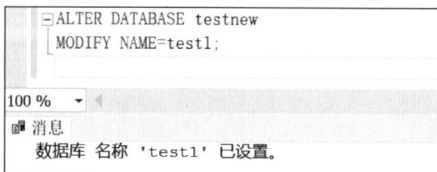

图 3-21　修改数据库名

重要提示：重命名数据库的前提是没有用户使用该数据库，并且该数据库设置为单用户模式。一般情况下，数据库创建后，不要轻易更改其名称，因为数据库名称是许多相关数据库应用程序访问和使用该数据库的基础。

3.3.5　使用 Transact-SQL 语句分离和附加学生信息数据库

1. 用 Transact-SQL 语句分离数据库

可以使用存储过程 sp_detach_db 实现数据库的分离。

语法格式：

```
sp_detach_db database_name[;]
```

【例 3.16】　将学生信息数据库 stuinfo 从服务器上分离。

在查询分析器中输入如下 Transact-SQL 语句并执行：

```
EXEC sp_detach_db stuinfo;
```

在对象资源管理器中，右击"数据库"文件夹，在弹出的快捷菜单中选择"刷新"命令，此时可以看到 stuinfo 已被分离。

2. 用 Transact-SQL 语句附加数据库

可以使用 CREATE DATABASE 语句中的 FOR ATTACH 子句来完成数据库的附加。

语法格式：

```
CREATE DATABASE database_name
ON (FILENAME = 'os_file_name')
FOR ATTACH[;]
```

语法说明如下。

（1）database_name：即将要附加的数据库的名称。

（2）'os_file_name'：主文件的物理文件的名称。

【例 3.17】　附加例 3.16 中分离出去的数据库 stuinfo。

在查询分析器中输入如下 Transact-SQL 语句并执行：

```
CREATE DATABASE stuinfo
ON (FILENAME = 'C:\Program Files\Microsoft SQL Server\MSSQL16.SQLEXPRESS\MSSQL\DATA\stuinfo.mdf')
FOR ATTACH;
```

在对象资源管理器中，右击"数据库"文件夹，在弹出的快捷菜单中选择"刷新"命令，此时可以看到 stuinfo 已被附加。

3.3.6　使用 Transact-SQL 删除学生信息数据库

删除数据库使用 DROP DATABASE 命令。

语法格式：

```
DROP DATABASE database_name [,…n ] [;]
```

语法说明：database_name 是要删除的数据库的名称。

【例 3.18】　删除学生信息数据库 stuinfo。

在查询分析器中输入如下 Transact-SQL 语句并执行：

```
DROP DATABASE stuinfo;
```

重要提示：删除数据库要特别小心，因为使用 DROP DATABASE 命令不会出现确认信息。不能删除系统数据库。

单元小结

本项目介绍了 SQL Server 数据库的结构，使用 SSMS 和 Transact-SQL 语句创建和管理数据库。

SQL Server 有两种存储结构，分别是逻辑存储结构和物理存储结构。

单元实训

【实训目的】

(1) 了解安装 SQL Server 中数据库文件的组成。

(2) 掌握使用 SQL Server Management Studio 创建和管理数据库。

(3) 掌握使用 Transact-SQL 语句创建和管理数据库。

【实训内容】

(1) 使用 SSMS 创建一个图书销售管理数据库 books_sale。

(2) 使用 SSMS 将 books_sale 数据库的主文件的逻辑名称修改为 books，存储路径修改为 C:\DATA，物理名称修改为 books. mdf，文件初始大小为 10MB，最大大小为 500MB，按 2MB 增长。将日志文件的逻辑名称修改为 books_log，存储路径修改为 C:\DATA，物理名称修改为 books_log. ldf，文件初始大小为 2MB，最大大小为 100MB，按 2％增长。

(3) 使用 SSMS 在 books_sale 数据库中添加次要数据文件 booksnew，存储路径为 C:\DATA，物理名称为 booksnew. ndf，其他值均取默认值。

(4) 使用 SSMS 将 books_sale 数据库名修改为 books_salenew。

(5) 使用 SSMS 将 books_salenew 数据库删除。

(6) 使用 Transact-SQL 语句创建一个名为 books_sale 数据库，要求有一个主文件和一个日志文件，存储路径为 C:\DATA，其中主文件的初始大小为 5MB，最大大小为 100MB，按 5％增长，日志文件的初始大小为 2MB，最大大小为 50MB，按 1MB 增长。

(7) 使用 Transact-SQL 语句修改 books_sale 数据库，添加数据文件 books_data1. ndf，初始大小为 5MB，添加一个名为 fgroup 的文件组。

(8) 使用 Transact-SQL 语句查看 books_sale 数据库中所有文件的信息，查看该数据库中文件组的信息。

(9) 使用 Transact-SQL 语句修改 books_sale 数据库名为 books_salenew。

(10) 使用 Transact-SQL 语句和 SSMS 分离 books_salenew 数据库，再附加至服务器。

(11) 使用 Transact-SQL 将 books_salenew 数据库删除。

项目四

学生信息数据库数据表的
创建与管理

学习目标

（1）掌握：数据表的创建、修改和删除。

（2）理解：表的定义，SQL Server 2022 数据类型。

学习任务

在学生信息数据库中创建表，要实现合理的字段、数据类型和长度。

知识学习

4.1　表的概述

创建完数据库之后，接下来需要创建数据表和定义数据类型。表用于存储数据库中所有数据，是数据库中最基本和最主要的数据对象。数据类型用来定义数据的存储格式。

4.1.1　表的定义

每个数据库包含了若干个表。在逻辑上，数据库由大量的表组成，表由行和列组成；在物理上，表存储在文件中，表中的数据存储在页中。表中数据的组织方式和在电子表格中类似，每一行代表一条唯一的记录，每一列代表记录中的一个字段。表 4-1 是一个 student 表。

表 4-1　student 表

学　号	姓　名	性　别	籍　贯	专　业
231001	王萌	女	南京	计算机应用技术
231002	李刚	男	徐州	计算机网络技术
231003	张岚	女	无锡	云计算技术应用
⋮	⋮	⋮	⋮	⋮

在 student 表中，student 表代表学生实体，在该实体中存储每个学生的基本信息。

4.1.2　SQL Server 2022 数据类型

在创建表之前，必须为表中的每一列定义一个数据类型。表 4-2 列出了 SQL Server 2022 的数据类型。

视频讲解

表 4-2　SQL Server 2022 的数据类型

种　类	类型名称	描　述
整数数据类型	tinyint	1 字节,取值范围为 0～255
	smallint	2 字节,取值范围为 -2^{15}～$2^{15}-1$
	int	4 字节,取值范围为 -2^{31}～$2^{31}-1$
	bigint	8 字节,取值范围为 -2^{63}～$2^{63}-1$
浮点数据类型	real	4 字节
	float	格式是 float［(n)］,n 的取值范围为 1～53,当 n 在 1～24 时,精度为 7 位有效数字,占 4 字节;当 n 在 25～53 时,精度为 15 位有效数字,占 8 字节
	decimal	格式是［(p［,s］)］,p 为精度,s 为小数位数
	numeric	等同于 decimal
日期和时间数据类型	date	3 字节,从公元元年 1 月 1 日到 9999 年 12 月 31 日,只存储日期数据
	datetime	8 字节,从 1753 年 1 月 1 日到 9999 年 12 月 31 日,存储日期和时间值
	datetime2	8 字节,从公元元年 1 月 1 日到 9999 年 12 月 31 日,存储日期和时间值,精度到 100 纳秒
	smalldatetime	4 字节,从 1900 年 1 月 1 日到 2079 年 6 月 6 日,存储日期和时间值,精确到分钟
	datetimeoffset	存储日期和时间值,取值范围等同于 datetime2
	time	5 字节,格式为 hh:mm:ss［.nnnnnnn］,hh 表示小时,范围为 0～23;mm 表示分钟,范围为 0～59;ss 表示秒数,范围为 0～59;n 是 0～7 位数字,范围为 0～9999999,表示秒的小数部分
字符数据类型	char	固定长度,长度为 n 字节,n 的取值范围为 1～8000
	varchar	可变长度,取值范围为 1～8000
	nchar	n 个字符的固定长度的 Unicode 字符数据,取值范围为 1～4000
	nvarchar	可变长度 Unicode 字符数据,取值范围为 1～4000
文本和图形数据类型	text	用于存储文本数据,最大长度为 $2^{30}-1$ 个字符
	ntext	与 text 类型作用相同,最大长度为 $2^{30}-1$ 个 Unicode 字符
	image	用于存储照片、目录图片或图画,二进制字符的可变大小存储,每个字符占 2 字节
一进制数据类型	binary	长度为 n 字节的固定长度二进制数据,n 的取值范围为 1～8000
	varbinary	可变长度二进制数据,取值范围为 1～8000
货币数据类型	smallmoney	4 字节,取值范围 -2^{31}～$2^{31}-1$
	money	8 字节,取值范围 -2^{63}～$2^{63}-1$
其他数据类型	cursor	游标数据类型,用来存储对变量中的游标或存储过程输出参数的引用
	rowversion	反映原先的时间戳数据类型的功能,占 8 字节
	uniqueidentifier	16 字节长的二进制数据,唯一标识符类型
	sql_variant	用于存储 SQL Server 支持的各种数据类型的值,除了 varchar(max)、nvarchar(max)、varbinary(max)、xml、text、ntext、image、rowversion、sql_variant
	xml	用于存储 xml 文档和片段的一种类型
	table	用于存储声明变量中的表或存储过程输出参数

任务实施

4.2 使用 SSMS 创建与管理学生信息数据库的数据表

可以通过 SSMS 创建表、修改表结构,对表进行重命名和删除表。

4.2.1 使用 SSMS 创建学生信息数据库的数据表

【例 4.1】 在学生信息数据库 stuinfo 中创建一个名为 student 的表,该表有 5 个字段:stuid(学号)、stuname(姓名)、stusex(性别)、stuage(年龄)、address(家庭地址)。

操作步骤如下。

(1) 打开 SQL Server Management Studio,连接到 SQL Server 上的数据库引擎。

(2) 展开服务器中的"数据库"→"stuinfo 数据库",右击"表"节点,在弹出的快捷菜单中选择"新建"→"表"命令,弹出"表设计器"窗口。

(3) 在"列名"中输入 stuid,在"数据类型"下拉列表框中选择 char 选项,长度设置为 12,不允许为空。

(4) 继续设置列,在"列名"中输入 stuname,在"数据类型"下拉列表框中选择 char 选项,长度设置为 8。

(5) 继续设置列,在"列名"中输入 stusex,在"数据类型"下拉列表框中选择 char 选项,长度设置为 2。

(6) 继续设置列,在"列名"中输入 stuage,在"数据类型"下拉列表框中选择 int 选项。

(7) 继续设置列,在"列名"中输入 address,在"数据类型"下拉列表框中选择 varchar 选项,长度设置为 50。

(8) 右击 stuid 列,在弹出的快捷菜单中选择"设置主键"命令,如图 4-1 所示。

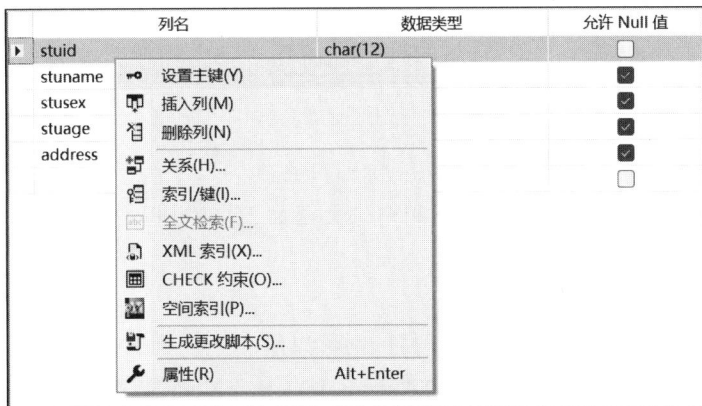

图 4-1 选择"设置主键"命令

(9) 单击工具栏中的"保存"按钮,在弹出的对话框中输入表的名称 student,单击"确定"按钮。

4.2.2　使用 SSMS 修改学生信息数据库的数据表

数据表创建之后,在使用过程中可能需要对表结构做一些修改。修改数据表包括更改表的名字,以及添加、删除列等。

1. 重命名表

使用 SSMS 重命名表,步骤如下。

【例 4.2】　将学生信息数据库 stuinfo 中的 student 表名修改为 stu。

操作步骤如下。

(1) 打开 SQL Server Management Studio,连接到 SQL Server 上的数据库引擎。

(2) 展开服务器中的"数据库"→"stuinfo 数据库"→"表"节点。

(3) 右击 student 表,在弹出的快捷菜单中选择"重命名"命令,如图 4-2 所示。

图 4-2　选择"重命名"命令

(4) 输入 stu,作为新的表名,按 Enter 键即可修改。

重要提示:如果现有的查询、视图、用户定义函数、存储过程或程序引用了该表,则表名修改后将使这些对象无效。

2. 添加列

在使用过程中,如果表中需要添加项目,则可以给表添加列。

【例 4.3】　向例 4.2 中的表 stu 添加"stumajor(专业)"列,数据类型为 char,长度为 20,允许为空值。

操作步骤如下。

(1) 打开 SQL Server Management Studio,连接到 SQL Server 上的数据库引擎。

(2) 展开服务器中的"数据库"→"stuinfo 数据库"→"表"节点。

（3）右击 stu 表，在弹出的快捷菜单中选择"设计"命令，打开"表设计器"窗口。

（4）在"表设计器"窗口中的所有列的后面输入列名 stumajor，在"数据类型"下拉列表框中选择 char 选项，长度为 20，勾选"允许 Null 值"复选框。

（5）单击工具栏中的"保存"按钮，完成添加列，如图 4-3 所示。

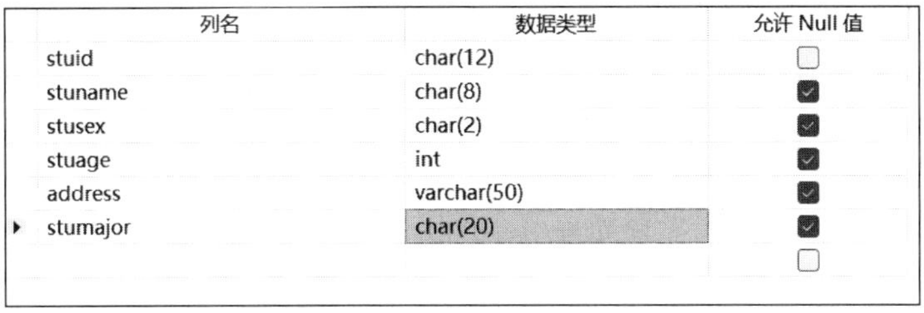

列名	数据类型	允许 Null 值
stuid	char(12)	☐
stuname	char(8)	☑
stusex	char(2)	☑
stuage	int	☑
address	varchar(50)	☑
▶ stumajor	char(20)	☑
		☐

图 4-3　完成添加列

3．删除列

在使用过程中，若不再需要表中的列，可以进行删除。

【例 4.4】　删除例 4.3 中表 stu 添加的"stumajor（专业）"列。

操作步骤如下。

（1）打开 SQL Server Management Studio，连接到 SQL Server 上的数据库引擎。

（2）展开服务器中的"数据库"→"stuinfo 数据库"→"表"节点。

（3）右击 stu 表，在弹出的快捷菜单中选择"设计"命令，打开"表设计器"窗口。

（4）在"表设计器"窗口中右击 stumajor 列，在弹出的快捷菜单中选择"删除列"命令，如图 4-4 所示。

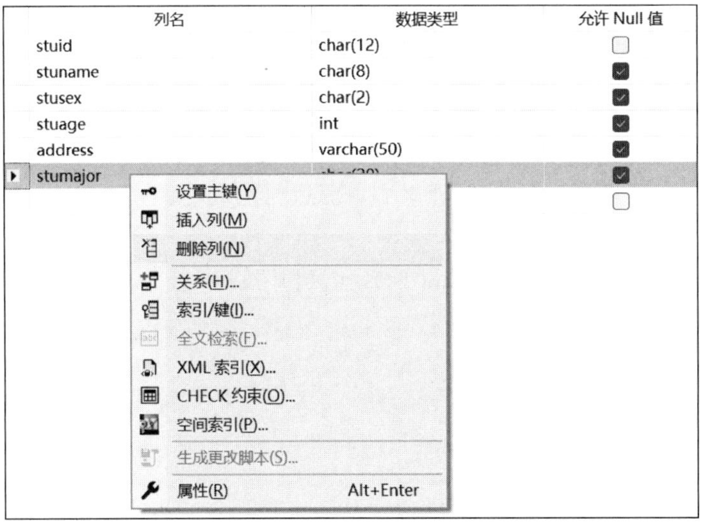

列名	数据类型	允许 Null 值
stuid	char(12)	☐
stuname	char(8)	☑
stusex	char(2)	☑
stuage	int	☑
address	varchar(50)	☑
▶ stumajor		☑
		☐

设置主键(Y)
插入列(M)
删除列(N)
关系(H)...
索引/键(I)...
全文检索(F)...
XML 索引(X)...
CHECK 约束(O)...
空间索引(P)...
生成更改脚本(S)...
属性(R)　　Alt+Enter

图 4-4　选择"删除列"命令

（5）执行后，stumajor 列被删除，单击工具栏中的"保存"按钮。

重要提示：表中没有记录值时，可以修改表结构；当表中有记录时，建议不要轻易修改表结构，以免出现错误。

4.2.3　使用 SSMS 删除学生信息数据库的数据表

在使用过程中,有时候需要删除表,删除表后,该表的结构定义、数据、全文索引、约束和索引都从数据库中永久删除。

【例 4.5】　使用 SSMS 删除表 stu。

操作步骤如下。

(1) 打开 SQL Server Management Studio,连接到 SQL Server 上的数据库引擎。

(2) 展开服务器中的"数据库"→"stuMIS 数据库"→"表"节点。

(3) 右击 stu 表,在弹出的快捷菜单中选择"删除"命令,弹出"删除对象"对话框,单击"确定"按钮,即可删除"stu 表"。

4.3　使用 Transact-SQL 操作学生信息数据库的数据表

除了使用 SSMS 操作表外,还可以使用 Transact-SQL 语句操作表。

4.3.1　使用 Transact-SQL 语句创建学生信息数据库的数据表

使用 Transact-SQL 语句创建表的语法格式如下。

```
CREATE TABLE table_name
   < column_definition >[ ,···n ][ < table_constraint > ][;]
```

语法格式说明如下。

(1) table_name：新表的名称。

(2) column_definition：数据列的语句结构,主要有列名、列的类型和长度。

(3) table_constraint：对数据表的约束进行设置。

【例 4.6】　使用 Transact-SQL 语句在学生信息数据库 stuinfo 中创建 student 表,该表有 5 个字段：stuid(学号)、stuname(姓名)、stusex(性别)、stuage(年龄)、stuaddress(家庭地址)。

在查询分析器中输入如下 Transact-SQL 语句并执行：

```
USE stuinfo
GO
CREATE TABLE student
(
stuid char(12) NOT NULL PRIMARY KEY,
stuname char(8),
stusex char(2),
stuage int,
stuaddress varchar(100)
);
```

执行结果如图 4-5 所示。

```
   USE stuinfo
   GO
⊟CREATE TABLE student
   (
   stuid char(12) NOT NULL PRIMARY KEY,
   stuname char(8),
   stusex char(2),
   stuage int,
   stuaddress varchar(100)
   );
```

```
100 %  ▾  ◂
▣ 消息
   命令已成功完成。
```

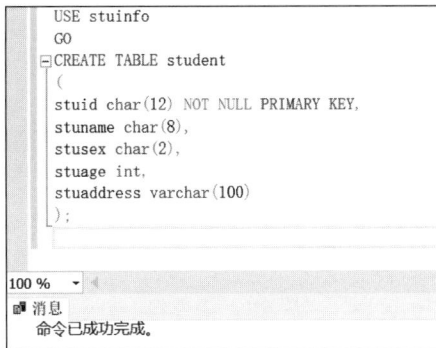

图 4-5　成功创建 student 表

4.3.2　使用 Transact-SQL 语句修改学生信息数据库的数据表

使用 Transact-SQL 语句修改表结构的语法格式如下。

```
ALTER TABLE table_name
    ADD < column_definition >[ ,…n ]
    | DROP COLUMN column_name[ ,…n ]
    | ALTER COLUMN < column_definition >[ ,…n ]
[;]
```

语法格式说明如下。

（1）table_name：需要修改的表名。

（2）ADD：向表中添加新列。

（3）DROP COLUMN：从表中删除列。

（4）ALTER COLUMN：修改表中指定列的属性。

1. 增加列

【例 4.7】　使用 Transact-SQL 语句向例 4.6 创建的 student 表中增加"stumajor（专业）"列，数据类型为 char，长度为 20，允许为空值。

在查询分析器中输入如下 Transact-SQL 语句并执行：

```
USE stuinfo
GO
ALTER TABLE student
  ADD stumajor char(20) NULL;
```

【例 4.8】　使用 Transact-SQL 语句向 student 表中增加"stugrade1（成绩 1）"列和"stugrade2（成绩 2）"列，数据类型为 int，允许为空值。

在查询分析器中输入如下 Transact-SQL 语句并执行：

```
USE stuinfo
GO
ALTER TABLE student
ADD stugrade1 int NULL,
stugrade2 int NULL;
```

执行结果如图 4-6 所示。

图 4-6　添加列

2. 删除列

【例 4.9】　使用 Transact-SQL 语句删除 student 表的"stugrade1（成绩 1）"列。

在查询分析器中输入如下 Transact-SQL 语句并执行：

```
USE stuinfo
GO
ALTER TABLE student
DROP COLUMN stugrade1;
```

执行结果如图 4-7 所示。

3. 修改列属性

【例 4.10】　在 student 表中，将 stuage 的数据类型修改为 datetime，将 stuname 的长度改为 10。

在查询分析器中输入如下 Transact-SQL 语句并执行：

```
USE stuinfo
GO
ALTER TABLE student
ALTER COLUMN stuage datetime
GO
ALTER TABLE student
ALTER COLUMN stuname char(10);
```

执行结果如图 4-8 所示。

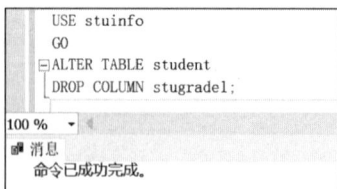

图 4-7　删除列

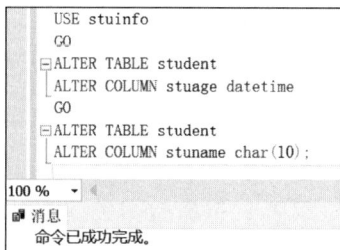

图 4-8　修改列属性

4. 重命名表

在使用过程中，可通过存储过程对表进行重命名。

语法格式如下。

```
sp_rename'object_name', 'new_name'
```

语法说明如下。

（1）object_name：旧对象名。

（2）new_name：新对象名。

【例 4.11】　将 student 表的名称修改为 stu。

在查询分析器中输入如下 Transact-SQL 语句并执行：

```
USE stuinfo
EXEC sp_rename 'student','stu';
```

执行结果如图 4-9 所示。

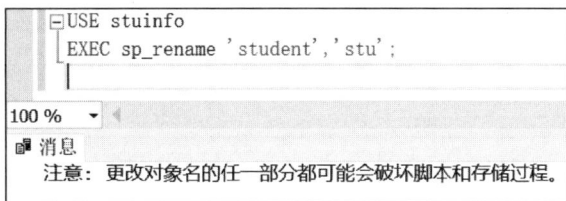

图 4-9　成功修改表名

4.3.3　使用 Transact-SQL 语句删除学生信息数据库的数据表

删除表的语法格式如下。

```
DROP TABLE table_name [ ,…n ] [ ; ]
```

语法说明如下。

table_name：要删除的表的名称。

【例 4.12】　将 stu 表删除。

在查询分析器中输入如下 Transact-SQL 语句并执行：

```
USE stuinfo
GO
DROP TABLE stu;
```

单元小结

本项目介绍了数据表的定义、SQL Server 2022 系统数据类型以及使用 SSMS 和 Transact-SQL 语句创建、管理表。

表用于存储数据库中所有数据，是数据库中最基本最主要的数据对象。在逻辑上，数据库由大量的表组成，表由行和列组成；在物理上，表存储在文件中，表中的数据存储在列中。在创建表之前，必须为表中的每一列定义一个数据类型。

✎ 单元实训

【实训目的】

（1）了解数据表的结构特点。

（2）掌握使用 SQL Server Management Studio 创建和管理数据表。

（3）掌握使用 Transact-SQL 语句创建和管理数据表。

【实训内容】

（1）创建图书销售管理数据库 books_sale，使用 SQL Server Management Studio 在 books_sale 数据库中创建出版社表 press，表定义见表 4-3。

表 4-3　press 表

列　　名	类　　型	长　　度	描　　述
press_id	char	10	出版社编号
press_name	char	30	出版社名称
press_address	char	50	出版社地址
press_phone	char	20	联系电话
press_city	char	20	所在城市

（2）使用 SQL Server Management Studio 将 press 表重命名为 press1。

（3）使用 SQL Server Management Studio 将 press1 表中的 press_name 长度修改为 40。

（4）使用 Transact-SQL 语句创建供货商表 suppliers，表定义见表 4-4。

表 4-4　suppliers 表

列　　名	类　　型	长　　度	描　　述
supplier_id	char	10	供货商编号
supplier_name	char	20	供货商名称
supplier_city	char	20	所在城市
supplier_people	char	10	联系人
supplier_phone	char	20	联系电话

（5）使用 Transact-SQL 语句将 suppliers 表重命名为 sup。

（6）使用 Transact-SQL 语句将 supplier_id 的长度修改为 16。

（7）使用 Transact-SQL 语句向表 sup 中添加"memo（备注）"列，数据类型为 char，长度为 100。

（8）使用 Transact-SQL 语句将 memo 列删除。

项目五

学生信息数据库数据的操作

学习目标

（1）掌握：表数据的插入、修改和删除，使用约束实现数据完整性的方法。

（2）理解：数据完整性的概念。

（3）了解：数据完整性的类型。

学习任务

表已创建好，需要完成所有表中的记录录入，并对现有记录进行添加、删除。当输入不符合要求的数据时，系统提示不能存储在数据库中。

知识学习

5.1 数据完整性概述

视频讲解

数据库中的数据是从外界输入的，在向数据库中添加、修改和删除数据时，难免会由于手工输入而产生各种错误。如何保证和维护数据的正确性、一致性和可靠性，成为数据库系统关注的问题。利用约束、默认和规则来维护数据的完整性，可以避免大部分无效的数据。

5.1.1 数据完整性的概念

数据完整性用于保证数据库中数据的正确性、一致性和可靠性，防止数据库中存在不符合语义规定的数据以及因错误信息的输入输出导致无效操作。

5.1.2 数据完整性的类型

1. 实体完整性

实体完整性又称为行完整性，规定表的每一行在表中是唯一的实体。

2. 域完整性

域完整性又称为列完整性，保证指定列的数据具有正确的数据类型、格式和有效的数据范围。

3. 参照完整性

参照完整性又称为引用完整性，是指两个表的主键和外键的数据应对应一致。参照完整性是建立在外关键字和主关键字之间或外关键字和唯一性关键字之间的关系上的,包含外关键字的表称为从表,被从表引用或参照的表称为主表。

4. 用户自定义完整性

用户自定义完整性是指针对某个特定关系数据库的约束条件,它反映某一具体应用所涉及的数据必须满足的语义要求。

5.2 实现约束

约束是强制数据完整性的首选方法。约束是通过限制列中数据、行中数据以及表之间数据取值从而实现数据完整性的方法。定义约束可以在创建表时设置,也可以在修改表时添加约束。

5.2.1 PRIMARY KEY(主键)约束

PRIMARY KEY 约束在表中定义一个主键,其值能唯一标识表中的行。一个表都应有一个 PRIMARY KEY 约束,且只能有一个 PRIMARY KEY 约束。PRIMARY KEY 约束中的列不能接受空值和重复值。

5.2.2 DEFAULT(默认)约束

DEFAULT 约束是在用户未提供某些列的数据时,数据库系统为用户提供的默认值。表的每一列都可包含一个 DEFAULT 约束。

5.2.3 CHECK(检查)约束

CHECK 约束是限制用户输入某一列的数据取值,即该列只能输入一定范围的数据。也就是只有符合 CHECK 约束条件的数据才能输入。在一个表中可以创建多个 CHECK 约束,在一列上也可以创建多个 CHECK 约束。

5.2.4 UNIQUE(唯一)约束

由于一个表只能定义一个主键,而在实际应用中,表中可能有多列的值需要是唯一的,可以使用 UNIQUE 约束确保在非主键列中不输入重复值。要强制 ·列或多列组合(不是主键)的唯一性时应使用 UNIQUE 约束。与 PRIMARY KEY 约束不同的是,一个表可以定义多个 UNIQUE 约束,允许列为空值,但空值只能出现一次。

5.2.5 NULL(空值)与 NOT NULL(非空值)约束

在设计表时,表中列可以定义为允许或不允许空值。如果允许某列可以不输入数据,则该列定义为 NULL 约束;如果某列必须输入数据,则该列定义为 NOT NULL 约束。默认情况下,列允许 NULL。

5.2.6 FOREIGN KEY(外键)约束

FOREIGN KEY 约束用于强制实现参照完整性,保证了数据库中表数据的一致性和正确性。

任务实施

5.3　使用 SSMS 操作学生信息数据库的表数据

5.3.1　使用 SSMS 向学生信息数据库的表添加数据

【例 5.1】　假设学生信息数据库 stuinfo 存在,其中的 student 表的结构如图 5-1 所示, 先建立 student 表,使用 SSMS 向 student 表中插入如表 5-1 所示的数据。此例假设 student 表已创建好。

视频讲解

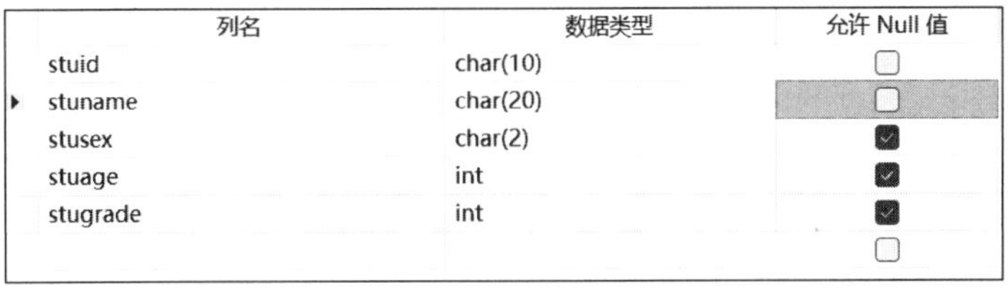

图 5-1　student 表结构

表 5-1　在 student 表中插入的数据

stuid	stuname	stusex	stuage	stugrade
2310001	张丰	男	20	90
2310002	李红	女	19	81
2310003	王小刚	男	19	67

操作步骤如下。

(1) 打开 SQL Server Management Studio,连接到 SQL Server 上的数据库引擎。

(2) 展开服务器中的"数据库"→"stuinfo 数据库"→"表"节点,右击 student 表,在弹出的快捷菜单中选择"编辑前 200 行"命令,打开编辑窗口。

(3) 按顺序添加如表 5-1 所示的记录,如图 5-2 所示,输入完毕。

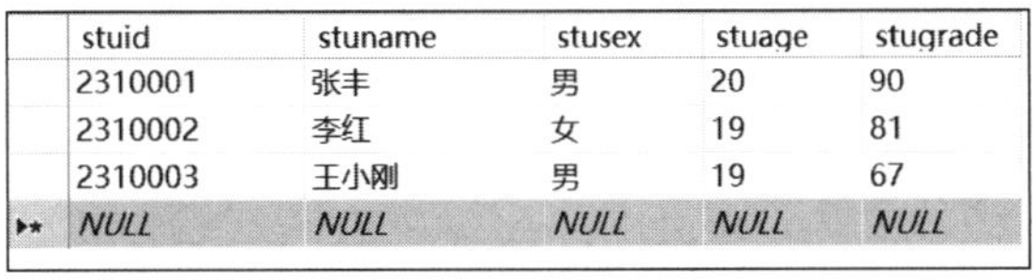

图 5-2　向 student 表中添加数据的结果

(4) 关闭编辑窗口即可。

5.3.2　使用 SSMS 删除学生信息数据库的表数据

在使用过程中,表中的一些数据可能不再需要,这时可以进行删除。

【例 5.2】　删除 student 表中学号为 2310001 的学生的信息。

操作步骤如下。

(1) 打开 SQL Server Management Studio,连接到 SQL Server 上的数据库引擎。

(2) 展开服务器中的“数据库”→“stuinfo 数据库”→“表”节点，右击 student 表，在弹出的快捷菜单中选择“编辑前 200 行”命令，打开编辑窗口。

(3) 在编辑窗口中定位学号为 2310001 的记录行，单击该行最前面的黑色箭头处，右击该行后，在弹出的快捷菜单中选择“删除”命令，如图 5-3 所示。

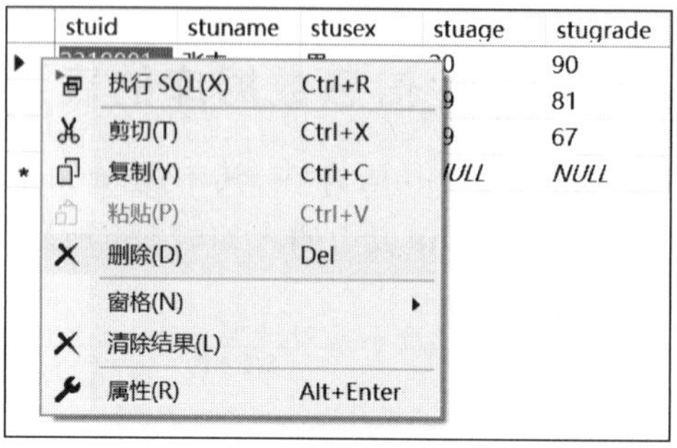

图 5-3　选择“删除”命令

(4) 弹出一个确认对话框，单击“是”按钮，删除所选行。

5.3.3　使用 SSMS 修改学生信息数据库的表数据

【例 5.3】 修改 student 表中学号为 2310002 的学生信息，将 stuage 的 19 修改为 18。

操作步骤如下。

(1) 打开 SQL Server Management Studio，连接到 SQL Server 上的数据库引擎。

(2) 展开服务器中的“数据库”→“stuinfo 数据库”→“表”节点，右击 student 表，在弹出的快捷菜单中选择“编辑前 200 行”命令，打开编辑窗口。

(3) 如图 5-4 所示，直接在学号为 2310002 的学生的 stuage 字段中修改，将 19 修改为 18。

	stuid	stuname	stusex	stuage	stugrade
✎	2310002...	李红 ...	女	18	81
	2310003...	王小刚 ...	男	19	67
*	NULL	NULL	NULL	NULL	NULL

图 5-4　修改表中数据

(4) 关闭编辑窗口即可。

5.4　使用 Transact-SQL 语句操作学生信息数据库的表数据

对表数据的操作除了使用 SSMS 外，还可以使用 Transact-SQL 语句。

5.4.1　使用 Transact-SQL 语句向学生信息数据库的表添加数据

1. 使用 INSERT 语句插入数据

通过 INSERT 语句向表中插入数据，可以向表中添加一行或多行数据，语法格式如下。

```
INSERT [INTO] table_or_view [(column_list)]
VALUES data_values[;]
```

语法说明如下。

（1）table_or_view：指定插入新数据的表或视图名称。

（2）column_list：指定数据表的列名，当指定多个列时，各列之间用逗号隔开。

（3）data_values：指定插入的新数据值。

重要提示：

在插入数据时要注意以下几点。

① 数据值的数量和顺序必须与字段名列表中的数量和顺序一样。

② 值的数据类型必须与表的列中的数据类型匹配，否则插入失败。

③ 值如果采用默认值则写 DEFAULT，如果是空值则写 NULL。

④ 插入数据类型如果是字符型、日期型，则必须用单引号。

【例 5.4】　使用 Transact-SQL 语句向学生信息数据库 stuinfo 的 student 表中插入一条新数据。

在查询分析器中输入如下 Transact-SQL 语句并执行：

```
USE stuinfo
INSERT INTO student
VALUES('2310004','孟英','女',19,93);
```

执行结果如图 5-5 所示。

图 5-5　添加一条数据的执行结果

【例 5.5】　使用 Transact-SQL 语句向学生信息数据库 stuinfo 的 student 表中插入三条新数据。

在查询分析器中输入如下 Transact-SQL 语句并执行：

```
USE stuinfo
INSERT INTO student
VALUES('2310005','谢星','女',19,76),
      ('2310006','刘刚','男',20,63),
      ('2310007','王婉','女',18,75);
```

执行结果如图 5-6 所示。

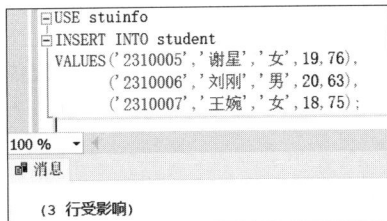

图 5-6　添加三条数据的执行结果

2. 使用 INSERT…SELECT 语句插入数据

使用 INSERT…SELECT 语句可以将某一个表中的数据插入另一个新数据表中。语法格式如下。

```
INSERT table_name
SELECT column_list
FROM table_list
WHERE search_conditions[;]
```

语法说明如下。

（1）table_name：指定要插入的新表名称。

（2）SELECT：用于检索数据。

（3）column_list：要检索的表列。该列与 INSERT 中指定的表列的数量和顺序必须相同，列的数据类型和长度相同或者可以进行转换。

（4）table_list：表的名称。该表必须是已存在的表。

（5）search_conditions：指定插入的数据应满足的条件。

【例 5.6】 使用 Transact-SQL 语句将 student 表中性别是男的学生记录插入 student_copy 表中。

在查询分析器中输入如下 Transact-SQL 语句并执行：

```
USE stuinfo
GO
CREATE TABLE student_copy
(学号 char(10)NOT NULL,
姓名 char(20),
性别 char(2));
```

用 INSERT 语句向 student_copy 表中插入数据：

```
INSERT student_copy
SELECT stuid, stuname, stusex
FROM student
WHERE stusex = '男';
```

5.4.2　使用 Transact-SQL 语句修改学生信息数据库的表数据

在使用过程中，根据实际情况有时需要修改表中的数据。修改数据的语法格式如下。

```
UPDATE table_name
SET
column1_name = modified_value1
column2_name = modified_value2,[,…]
[WHERE search_condition][;]
```

语法说明如下。

（1）table_name：指定要修改数据的表名。

（2）SET column1_name＝modified_value1：指定要更新的列及该列的新值。

（3）search_condition：指定被更新的记录应满足的条件。

【例 5.7】　将 student 表中学号为 2310005 的 stugrade 由 76 修改为 90。

在查询分析器中输入如下 Transact-SQL 语句并执行：

```
UPDATE student
SET stugrade = 90
WHERE stuid = '2310005';
```

执行结果如图 5-7 所示。

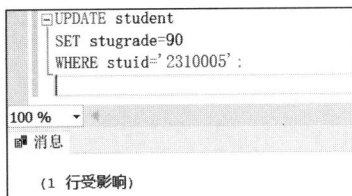

图 5-7　执行结果

5.4.3　使用 Transact-SQL 语句删除学生信息数据库的表数据

使用 DELETE 语句可以删除表中一行或多行数据，语法格式如下。

```
DELETE FROM table_sources
WHERE search_condition[;]
```

语法说明如下。

（1）table_sources：要删除的数据所在的表。

（2）search_condition：被删除的记录应满足的条件。

【例 5.8】　删除 student 表中 stugrade 大于 90 分的数据。

在查询分析器中输入如下 Transact-SQL 语句并执行：

```
DELETE FROM student
    WHERE stugrade > 90;
```

执行结果如图 5-8 所示。

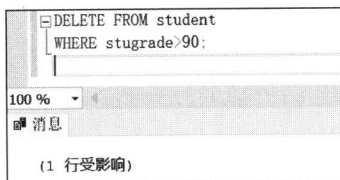

图 5-8　执行结果

重要提示：如果 DELETE 语句中没有 WHERE 子句的限制，则表或视图中所有数据均被删除。

【例 5.9】　删除 student 表中所有数据。

在查询分析器中输入如下 Transact-SQL 语句并执行：

```
DELETE FROM student;
```

也可以使用 TRUNCATE TABLE table_name 语句删除表中所有数据。TRUNCATE TABLE 删除表中的所有行，但表结构及其列、约束、索引等保持不变。TRUNCATE TABLE 比 DELETE 速度快，所用的系统和事务日志资源少。

5.5 实现学生信息数据库表约束

在定义约束前，应先确定约束的类型，不同类型的约束强制不同类型的数据完整性。约束可以使用 SSMS 和 Transact-SQL 语句设置。

5.5.1 PRIMARY KEY（主键）约束

1. 使用 SSMS 实现

【例 5.10】 设置 stuinfo 数据库中的 student 表 stuid 字段为主键。

操作步骤如下。

（1）打开 SQL Server Management Studio，连接到 SQL Server 上的数据库引擎。

（2）展开服务器中的"数据库"→"stuinfo 数据库"→"表"节点，右击 student 表，在弹出的快捷菜单中选择"设计"命令，打开"表设计器"页面，右击 stuid 列，在弹出的快捷菜单中选择"设置主键"命令，如图 5-9 所示。

图 5-9 选择"设置主键"命令

（3）单击工具栏中的"保存"按钮，关闭窗口即可。

2. 使用 Transact-SQL 语句实现

创建表时可通过定义 PRIMARY KEY 约束来创建主键。语法格式如下。

```
CREATE TABLE table_name
(column_name data_type
PRIMARY KEY)[;]
```

语法说明如下。

（1）column_name：主键列的列名。

（2）data_type：列的数据类型。

（3）PRIMARY KEY：表示该列具有主键约束。

【例 5.11】　在 stuinfo 数据库中使用 Transact-SQL 语句创建 teacher 表，将 teacid 列定义为 PRIMARY KEY 约束。

在查询分析器中输入如下 Transact-SQL 语句并执行：

```
USE stuinfo
CREATE TABLE teacher(
    teacid char(8) PRIMARY KEY,
    teacname char(10) NOT NULL,
    teacage int,
    department varchar(20));
```

执行结果如图 5-10 所示。

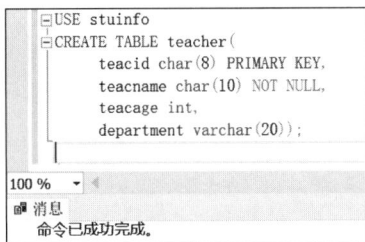

图 5-10　成功定义 PRIMARY KEY 约束

说明：删除 PRIMARY KEY 约束的语法格式如下。

```
ALTER TABLE table_name DROP [CONSTRAINT] primarykey_name[;]
```

其中，primarykey_name：约束的名称。

读者可根据该语法格式自行练习。

5.5.2　DEFAULT（默认）约束

1．使用 SSMS 定义 DEFAULT 约束

【例 5.12】　使用 SSMS 设置 stuinfo 数据库中的 teacher 表中的 department 字段不输入值时，系统自动设置为"信息技术系"。

操作步骤如下。

视频讲解

（1）打开 SQL Server Management Studio，连接到 SQL Server 上的数据库引擎。

（2）展开服务器中的"数据库"→"stuinfo 数据库"→"表"节点，右击 teacher 表，在弹出的快捷菜单中选择"设计"命令，打开"表设计器"页面，选择 department 列，如图 5-11 所示，在下面的"列属性"选项卡中，将属性"默认值或绑定"设置为"信息技术系"。

（3）单击工具栏中的"保存"按钮，关闭窗口即可。

2．使用 Transact-SQL 语句创建 DEFAULT 约束

【例 5.13】　在 stuinfo 数据库中创建 course 表，字段有课程号 cno、课程名 cname、学期 semester、学分 credit，并设置 credit 默认值为 3。

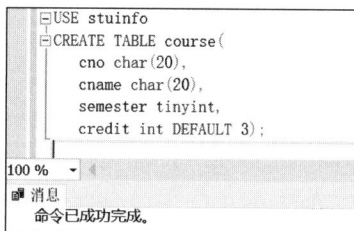

列名	数据类型	允许 Null 值
teacid	char(8)	☐
teacname	char(10)	☐
teacage	int	☑
department	varchar(20)	☑
		☐

列属性

∨ (常规)
(名称)	department
默认值或绑定	'信息技术系'
数据类型	varchar
允许 Null 值	是
长度	20

图 5-11　设置"默认值或绑定"选项的值

在查询分析器中输入如下 Transact-SQL 语句并执行：

```
USE stuinfo
CREATE TABLE course(
    cno char(20),
    cname char(20),
    semester tinyint,
    credit int DEFAULT 3);
```

执行结果如图 5-12 所示。

```
USE stuinfo
CREATE TABLE course(
    cno char(20),
    cname char(20),
    semester tinyint,
    credit int DEFAULT 3);
```

100 %

消息
命令已成功完成。

图 5-12　成功创建 DEFAULT 约束

删除 DEFAULT 约束的方法与删除 PRIMARY KEY 约束的方法相同，不再举例说明。

5.5.3　CHECK(检查)约束

1. 使用 SSMS 定义 CHECK 约束

【例 5.14】　为 stuinfo 数据库中的 teacher 表的 teacage 列设置 CHECK 约束。

操作步骤如下。

（1）打开 SQL Server Management Studio，连接到 SQL Server 上的数据库引擎。

（2）展开服务器中的"数据库"→"stuinfo 数据库"→"表"节点，右击 teacher 表，在弹出的快捷菜单中选择"设计"命令，打开"表设计器"页面。

（3）右击"表设计器"页面，在弹出的快捷菜单中选择"CHECK 约束"命令，弹出"检查约束"对话框，单击"添加"按钮，在"表达式"栏中单击进入编辑框，如图 5-13 所示，输入约束表达式：teacage BETWEEN 22 AND 65。

视频讲解

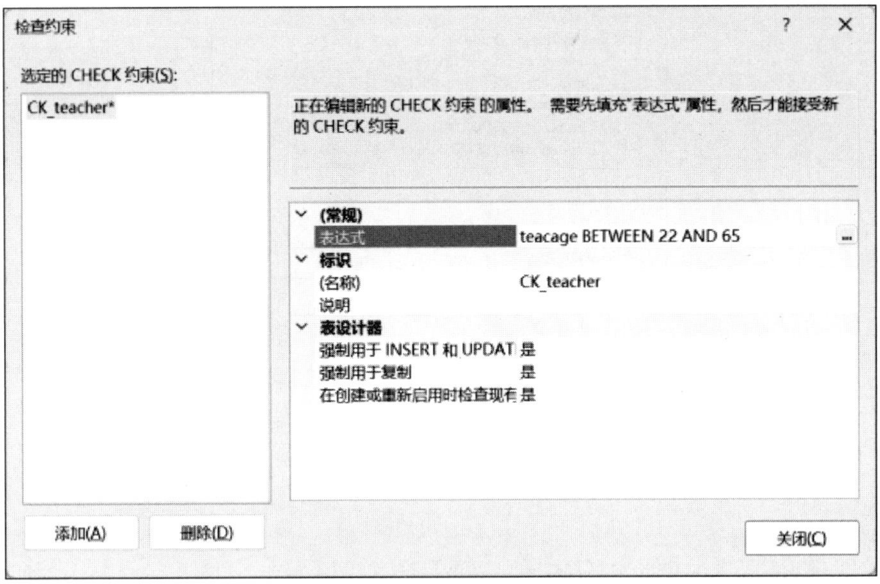

图 5-13　"检查约束"对话框

（4）单击"关闭"按钮，再单击工具栏中的"保存"按钮即可。

2. 使用 Transact-SQL 语句定义 CHECK 约束

创建表时定义 CHECK 约束的语法格式如下。

```
CREATE TABLE table_name
(column_name data_type CHECK(check_criterial)[;]
```

语法说明如下。

check_criterial：检查准则，一般是条件表达式。

【例 5.15】　在 stuinfo 数据库中创建 grade 表，将 score 列指定为 CHECK 约束。

在查询分析器中输入如下 Transact-SQL 语句并执行：

```
USE stuinfo
CREATE TABLE grade(
    sno char(10) PRIMARY KEY,
    cno char(20) NOT NULL,
    sname char(8) NOT NULL,
    cname char(20) NOT NULL,
    score int CHECK(score BETWEEN 0 AND 100));
```

执行结果如图 5-14 所示。

可以为表中现有的列添加 CHECK 约束，语法格式如下。

```
ALTER TABLE table_name
ADD CONSTRAINT constraint_name
CHECK(check_criterial)[;]
```

语法说明如下。

constraint_name：约束的名称。

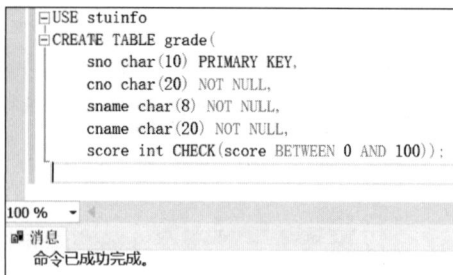

图 5-14　定义 CHECK 约束

【例 5.16】　使用 Transact-SQL 语句设置 stuinfo 数据库中的 course 表的 credit 的值在 1～5 之间。

在查询分析器中输入如下 Transact-SQL 语句并执行：

```
USE stuinfo
ALTER TABLE course
  ADD CONSTRAINT ck_course CHECK(credit BETWEEN 1 AND 5);
```

执行结果如图 5-15 所示。

图 5-15　修改现有表的 CHECK 约束

删除 CHECK 约束的方法与删除 PRIMARY KEY 约束的方法相同,不再举例说明。

5.5.4　UNIQUE(唯一)约束

1. 使用 SSMS 定义 UNIQUE 约束

【例 5.17】　使用 SSMS 对 stuinfo 数据库中的 teacher 表中的 teacname 设置 UNIQUE 约束。

操作步骤如下。

(1) 打开 SQL Server Management Studio,连接到 SQL Server 上的数据库引擎。

(2) 展开服务器中的"数据库"→"stuinfo 数据库"→"表"节点,右击 teacher 表,在弹出的快捷菜单中选择"设计"命令,打开"表设计器"页面。

(3) 右击"表设计器"页面,在弹出的快捷菜单中选择"索引/键"命令,打开"索引/键"窗口。

(4) 单击"添加"按钮,在"类型"下拉列表框中选择"唯一键"选项,单击"列"右边的按钮,弹出"索引列"对话框,如图 5-16 所示,列名选择 teacname。

(5) 单击"确定"按钮,返回"索引/键"窗口,单击"关闭"按钮,再单击工具栏中的"保存"按钮。

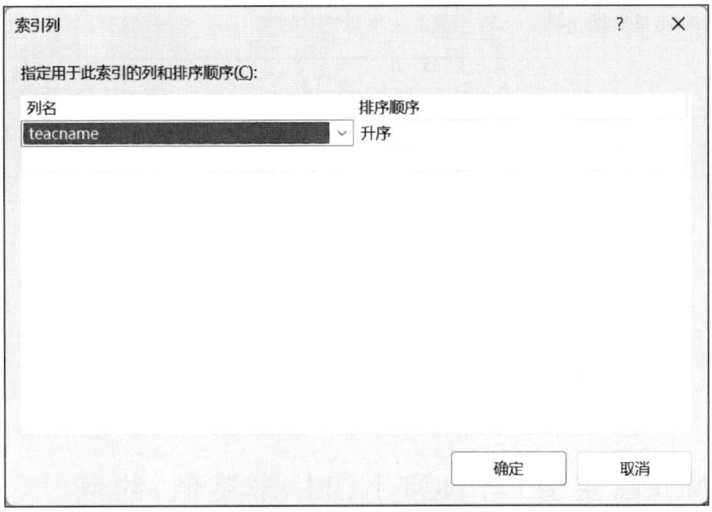

图 5-16　"索引列"对话框

2. 使用 Transact-SQL 语句定义 UNIQUE 约束

【例 5.18】　使用 Transact-SQL 语句在 stuinfo 数据库中创建 student_test 表,对 sname 设置 UNIQUE 约束。

在查询分析器中输入如下 Transact-SQL 语句并执行:

```
USE stuinfo
CREATE TABLE student_test(
    sno char(10) NOT NULL,
    sname char(10) UNIQUE,
    sex char(2),
    age int,
    tel char(20),
    memo varchar(100));
```

执行结果如图 5-17 所示。

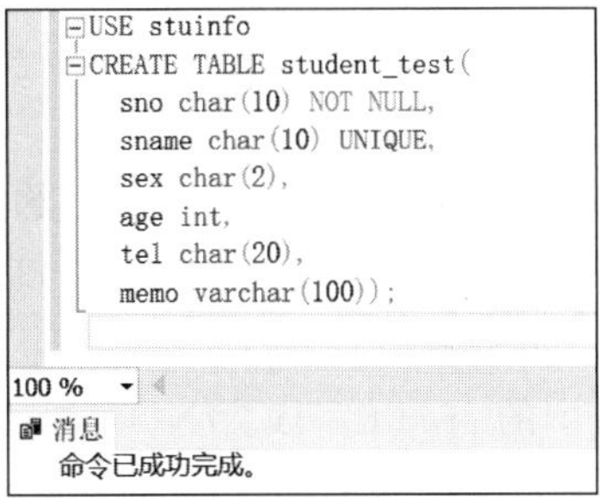

图 5-17　设置 UNIQUE 约束

【例 5.19】　修改 stuinfo 数据库中的 course 表,对 cname 列设置 UNIQUE 约束。

在查询分析器中输入如下 Transact-SQL 语句并执行:

```
USE stuinfo
ALTER TABLE course
    ADD CONSTRAINT uq_cname UNIQUE(cname);
```

执行结果如图 5-18 所示。

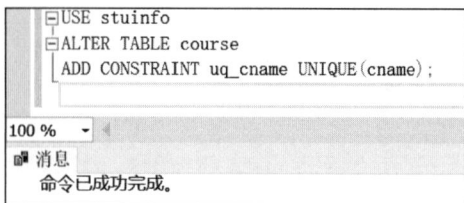

```
USE stuinfo
ALTER TABLE course
    ADD CONSTRAINT uq_cname UNIQUE(cname);
```

100 % ▾

🚩 消息
命令已成功完成。

图 5-18   修改现有表的 UNIQUE 约束

重要提示：设置 UNIQUE 约束时，若现有列有重复值，将返回错误信息，必须消除重复值后才能设置 UNIQUE 约束。

删除 UNIQUE 约束的方法与删除 PRIMARY KEY 约束的方法相同，不再举例说明。

5.5.5　NULL（空值）与 NOT NULL（非空值）约束

1．使用 SSMS 定义 NULL 或 NOT NULL 约束

【例 5.20】　以 stuinfo 数据库中的 course 表为例，为表中字段定义 NULL 或 NOT NULL 约束。

操作步骤如下。

（1）打开 SQL Server Management Studio，连接到 SQL Server 上的数据库引擎。

（2）展开服务器中的"数据库"→"stuinfo 数据库"→"表"节点，右击 course 表，在弹出的快捷菜单中选择"设计"命令，打开"表设计器"页面，如图 5-19 所示。

列名	数据类型	允许 Null 值
▶ cno	char(20)	☐
cname	char(20)	☐
semester	tinyint	☑
credit	int	☑
		☐

图 5-19   "表设计器"页面

（3）勾选"表设计器"页面的"允许 Null 值"复选框表示相应字段被定义为 NULL 约束，若不勾选，表示相应字段被定义为 NOT NULL 约束。

2．使用 Transact-SQL 语句定义 NULL 或 NOT NULL 约束

【例 5.21】　观察例 5.18 的语句，sno 已被设置为 NOT NULL 约束，即直接在列定义后书写 NULL 或 NOT NULL。请读者自行完成。

【例 5.22】　设置 course 表中的 credit 字段为 NOT NULL 约束。

在查询分析器中输入如下 Transact-SQL 语句并执行：

```
USE stuinfo
ALTER TABLE course
    ALTER COLUMN credit int NOT NULL;
```

执行结果如图 5-20 所示。

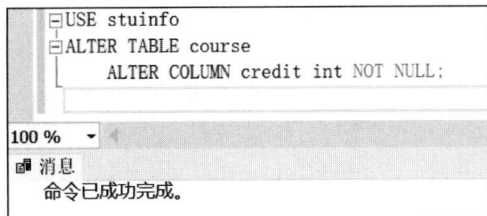

```
USE stuinfo
ALTER TABLE course
    ALTER COLUMN credit int NOT NULL;
```

100 %

消息
命令已成功完成。

图 5-20　设置现有表中的 NOT NULL 约束

5.5.6　FOREIGN KEY(外键)约束

1. 使用 SSMS 定义 FOREIGN KEY 约束

【例 5.23】　在 stuinfo 数据库中,设置 studentnew 表的 sno 为外键,引用 grade 表的 sno(请读者先创建 studentnew 表,将表中的 sno 设置为主键)。

操作步骤如下。

(1) 打开 SQL Server Management Studio,连接到 SQL Server 上的数据库引擎。

(2) 展开服务器中的"数据库"→"stuinfo 数据库"→"表"节点,右击 studentnew 表,在弹出的快捷菜单中选择"设计"命令,打开"表设计器"页面。

(3) 右击"表设计器"页面,在弹出的快捷菜单中选择"关系"命令,弹出"外键关系"对话框。

(4) 单击"添加"按钮,再单击"表和列规范"属性后面的按钮,弹出"表和列"对话框,如图 5-21 所示,选择主键表为 grade 表,主键为 sno,选择 studentnew 表的 sno 为外键。

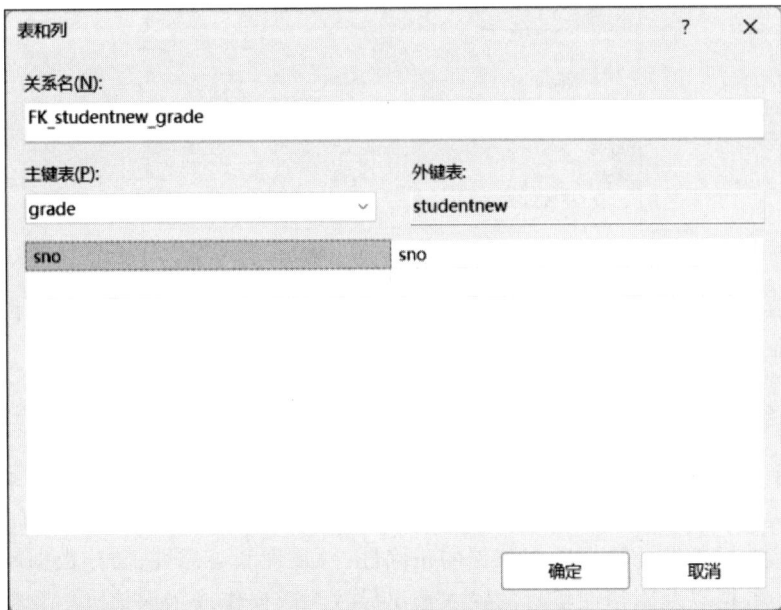

图 5-21　"表和列"对话框

(5) 单击"确定"按钮,返回"外键关系"对话框,单击"关闭"按钮,再单击工具栏中的"保存"按钮,完成设置。

2. 使用 Transact-SQL 语句定义 FOREIGN KEY 约束

使用 Transact-SQL 语句创建 FOREIGN KEY 约束的语法格式如下。

```
CREATE TABLE table_name
(column_name data_type
[CONSTRAINT constraint_name] FOREIGN KEY REFERENCES ref_table (ref_column)[;]
```

语法说明如下。

ref_table(ref_column)：表示引用表名称和列名，该列名所指定的列在引用表中必须为 FOREIGN KEY 或 UNIQUE 约束列。

【例 5.24】 在 stuinfo 数据库中，创建 teac_course_new 表，设置 teacid 为外键，引用 teacher 表的 teacid 字段。

在查询分析器中输入如下 Transact-SQL 语句并执行：

```
USE stuinfo
CREATE TABLE teac_course_new(
teacid char(8) REFERENCES teacher(teacid),
teacname char(10) NOT NULL,
cno char(20) NOT NULL,
semester tinyint);
```

执行结果如图 5-22 所示。

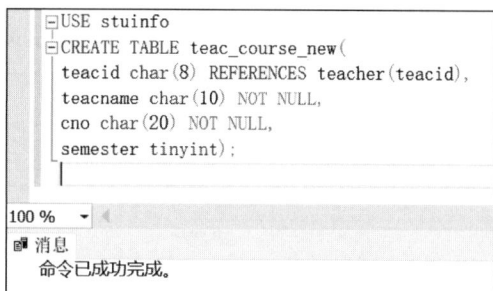

图 5-22 设置 FOREIGN KEY 约束

重要提示：设置外键时，被引用表（主键表）必须设置了主键或唯一键，并且数据类型和长度必须与外键一致。

单元小结

本项目介绍了数据完整性概念和类型以及使用 SSMS 和 Transact-SQL 语句插入、删除和修改数据，实现约束等。

数据完整性用于保证数据库中数据的正确性、一致性和可靠性，防止数据库中存在不符合语义规定的数据以及因错误信息的输入输出导致无效操作或错误信息。数据完整性包括实体完整性、域完整性、参照完整性和用户自定义完整性。

约束是强制数据完整性的首选方法。约束可以使用 SSMS 和 Transact-SQL 语句设置。

单元实训

【实训目的】

（1）掌握使用 SQL Server Management Studio 向数据表中插入、删除和修改数据。

（2）掌握使用 Transact-SQL 语句向数据表中插入、删除和修改数据。

（3）掌握使用 SSMS 和 Transact-SQL 语句两种方法来实现约束。

【实训内容】

（1）以 press 出版社表为例，出版社表结构参照项目 4 中的单元实训，使用 Transact-SQL 语句将记录添加到 press 表中，如表 5-2 所示。

表 5-2　press 表

press_id	press_name	press_address	press_phone	press_city
10001	清华大学出版社	北京市学研大厦	010-58587111	北京
10002	高等教育出版社	北京市富盛大厦	010-78090034	北京
10003	电子工业出版社	北京市华信大厦	010-87237612	北京
10004	中国人民大学出版社	北京市海淀区中关村	010-45679801	北京

（2）使用 Transact-SQL 语句将出版社编号为"10002"的电话修改为"010-77779990"。

（3）使用 Transact-SQL 语句删除出版社编号为"10003"的记录。

（4）建立 stu_info 数据库，在 stu_info 数据库中创建 student 表和 dorm 表，要求如下：

student(stuid(学号)，stuname(姓名)，sex(性别)，age(年龄)，height(身高)，native(籍贯)，IDnumber(身份证号)，dormid(宿舍编号))

dorm(stuid(学号)，stuname(姓名)，dormid(宿舍编号)，tel(电话号码))

以下操作使用 SSMS 和 Transact-SQL 语句两种方法实现。

① NOT NULL 约束：student. stuname，dorm. stuname。

② PRIMARY KEY 约束：student. stuid，dorm. dormid。

③ FOREIGN KEY 约束：student. dormid，参照 dorm 表的 dormid。

④ DEFAULT 约束：native 字段默认为"北京"。

⑤ UNIQUE 约束：IDnumber。

⑥ CHECK 约束：sex 为男或女。

⑦ 插入、修改和删除数据，体会数据完整性。

项目六

学生信息数据库的查询

学习目标

（1）掌握：SELECT 语句的语法格式，各种查询技术。

（2）理解：数据查询的意义。

学习任务

查询数据库中的各种数据。

知识学习

视频讲解

6.1 SELECT 语句概述

数据库给我们带来了方便，查询是数据库中最基本的数据操作，在 SQL Server 2022 中，通过使用 SELECT 语句来完成数据查询。

SELECT 语句的语法格式如下。

```
SELECT [ALL|DISTINCT] select_list
FROM table_name
[WHERE < search_conditions >]
[GROUP BY group_by_expression]
[HAVING < search_conditions >]
[ORDER BY < order_ expression > [ASC|DESC]][;]
```

语法说明如下。

（1）SELECT 子句：指定要查询的字段（列）。

（2）ALL|DISTINCT：用来标识在查询结果集中对相同行的处理方式。DISTINCT 关键字可从 SELECT 语句的结果集中消除重复的行，ALL 关键字表示返回查询结果集中的所有行，包括重复行。默认值是 ALL。

（3）select_list：指定字段列表，即指定要显示的目标列。

（4）FROM 子句：指定要查询的表名。

（5）WHERE 子句：指定查询条件。

（6）GROUP BY 子句：指定查询结果的分组条件。

（7）HAVING 子句：与 GROUP BY 子句组合使用，对分组的结果集进一步限定查询条件。

（8）ORDER BY 子句：指定结果集的排序方式。

（9）ASC｜DESC：表示结果集的排序方式，ASC 表示升序排列；DESC 表示降序排列。默认值是 ASC。

提示：在 SELECT 语句中，SELECT 子句与 FROM 子句是必不可少的，其余子句是可选的。各个子句必须按照语法中列出的次序依次执行，否则会出现语法错误。

6.1.1　选择列

1．查询指定的列

用 SELECT 子句选择表中的列时，只需要将希望显示的字段名置于 SELECT 子句后即可，字段名称之间用逗号隔开。

2．查询所有的列

查询表中所有的列有两种方法：一种方法是将表中的字段名称全部列在 SELECT 子句后；另一种方法是使用"＊"代替所有的字段名称。

3．设置列别名

在设计表时，表的列名一般采用字符的形式，在显示查询结果时，为了便于理解，用户可以根据需要对查询结果中的列名进行修改，即设置列别名。

设置列别名通常有三种方法。

（1）将列别名用单引号括起来后接等号，后接要查询的列名，格式：'列别名'＝查询的列名。

（2）将列别名用单引号括起来后，写在要查询的列名后面，两者之间用空格隔开，格式：查询的列名 '列别名'。

（3）将列别名用单引号括起来后，写在要查询的列名后面，两者之间用关键字 AS，格式：查询的列名 AS '列别名'。

4．使用 DISTINCT 关键字消除重复行

在 SELECT 语句中，如果需要消除重复行，可以使用 DISTINCT 关键字，此时，对结果集中的重复行只显示一次，保证行的唯一性。

5．使用 TOP n［PERCENT］返回前 n 行

在查询数据时，可以使用 TOP 子句限制从查询中返回的行数，行数指前 n 行或前 npercent（n％）行。

6．在查询结果中增加字符串

在查询过程中，可以在查询结果中增加字符串，方法是在 SELECT 子句中，将字符串用单引号括起来，和列名之间用逗号隔开。

7．计算列值

在使用 SELECT 查询数据时，可以在结果中显示对列值计算后的值，即通过对某些列的数据进行计算得到的结果。

6.1.2　WHERE 子句

在实际查询过程中，用户有时需要在数据表中查询满足某些条件的记录，此时，在 SELECT 语句中使用 WHERE 子句可以给定查询条件。数据库系统处理语句时，将不满足

条件的记录筛选掉,返回满足条件的记录。

1. 使用比较运算符

WHERE子句的比较运算符主要有＝(等于)、＜(小于)、＞(大于)、＞＝(大于或等于)、＜＝(小于或等于)、＜＞(不等于)、!＝(不等于)、!＜(不小于)、!＞(不大于)。语法格式如下。

```
WHERE expression1 comparsion_operator expression2
```

语法说明如下。

(1) expression1 和 expression2:要比较的表达式。

(2) comparsion_operator:比较运算符。

2. 使用逻辑运算符

WHERE子句中的逻辑运算符有NOT、AND、OR。当使用WHERE子句处理多个条件查询时,就要用到逻辑运算符。

使用逻辑运算符时,需要遵守的规则如下。

NOT:表示否认一个表达式。

AND:用来连接两个或多个条件。

OR:可以使用AND和NOT合并所有的复合条件。

从优先级来看,从高到低的顺序是NOT、AND、OR。

3. 使用范围运算符

在使用范围运算符时,可以指定某个查询范围内的数据。用BETWEEN关键字设置范围之内的数据,用NOT BETWEEN关键字设置范围之外的数据。

语法格式如下。

```
WHERE expression [NOT] BETWEEN value1 AND value2
```

语法说明如下。

(1) value1:表示范围的下限。

(2) value2:表示范围的上限,value2 的值大于或等于 value1 的值。

4. 使用列表运算符

在使用列表运算符时,通过使用IN或NOT IN关键字确定表达式的取值是否属于某一列表值。

语法格式如下。

```
WHERE expression [NOT] IN value_list
```

语法说明如下。

value_list:表示列表值,当有多个值时,需要用括号将这些值括起来,并且用逗号分隔这些列表值。

5. 使用 LIKE

使用LIKE或NOT LIKE可以把表达式与字符串进行比较,实现对字符串的模糊查询。语法格式如下。

WHERE expression [NOT] LIKE 'string'

语法说明如下。

'string'：表示进行比较的字符串。

在进行字符串模糊匹配时，在 string 字符串中使用通配符。表 6-1 列出常用的通配符。

表 6-1 常用通配符

通 配 符	含 义
%	任意多个字符
_	单个字符
[]	指定范围内的单个字符
[^]	不在指定范围内的单个字符

6. 使用 IS NULL

使用 IS NULL 或 IS NOT NULL 可以查询某一数据值是否为 NULL 的数据信息。IS NULL 可以查询数据值为 NULL 的信息，IS NOT NULL 可以查询数据值不为 NULL 的信息。

语法格式如下。

WHERE column IS [NOT] NULL

6.1.3 GROUP BY 子句

在使用 SELECT 语句查询数据时，可以用 GROUP BY 子句对某列数据值进行分组。语法格式如下。

GROUP BY group_by_expression

语法说明如下。

group_by_expression：表示分组所依据的列。

GROUP BY 子句通常与统计函数一起使用，常见统计函数如表 6-2 所示。

表 6-2 常用的统计函数

函 数 名	功 能
COUNT	求组中行数，返回整数
SUM	求和，返回表达式中所有值的和
AVG	求平均值，返回表达式中所有值的平均值
MAX	求最大值，返回表达式中所有值的最大值
MIN	求最小值，返回表达式中所有值的最小值
ABS	求绝对值，返回数值表达式的绝对值
ASCII	求 ASCII 码，返回字符型数据的 ASCII 码
RAND	产生随机数，返回一个位于 0 和 1 之间的随机数

6.1.4 HAVING 子句

HAVING 子句指定了组或聚合的查询条件，限定于对统计组的查询，通常与 GROUP

BY 子句一起使用。

语法格式如下。

```
HAVING search_conditions
```

语法说明如下。

search_conditions：指定查询条件。

提示：HAVING 子句中可以使用聚合函数，而 WHERE 子句中不可以。

6.1.5　ORDER BY 子句

在进行数据查询时，可以使用 ORDER BY 子句对查询的结果按照一个或多个列进行排序。语法格式如下。

```
ORDER BY order_expression [ASC|DESC]
```

语法说明如下。

（1）order_expression：指定排序列或列的别名和表达式。排序列之间用逗号分隔，列后可指明排序要求。

（2）ASC|DESC：指定排序要求，ASC 关键字表示升序排列，DESC 关键字表示降序排列。默认值是 ASC。

6.2　多表连接查询

在实际应用中，要查询的数据可能不在一个表或视图中，可能来源于多个表，此时需要进行多表连接查询。

多表连接查询是指通过多个表之间的共同列的相关性来查询数据，是数据库查询最主要的特征。

6.2.1　内连接

内连接是比较常用的数据连接查询方式。内连接使用比较运算符进行多个基表间数据的比较操作，并列出这些基表中与连接条件相匹配的所有的数据行。内连接分为等值连接、非等值连接和自然连接，一般用 INNER JOIN 或 JOIN 关键字指定内连接。语法格式如下。

```
FROM table1 INNER JOIN table2 [ON join_conditions]
```

6.2.2　外连接

若一些数据行在其他表中不存在匹配行，使用内连接查询时通常会删除原表中的这些行，而使用外连接时会返回 FROM 子句中提到的至少一个表或视图中的所有符合搜索条件的行。

参与外连接查询的表有主从之分，以主表中的每行数据去匹配从表中的数据行，如果符合连接条件,则直接返回到查询结果中;如果不匹配,则主表的行保留,从表的对应位置填入 NULL 值。

外连接分为左外连接、右外连接和完全外连接三种类型。

6.2.3 交叉连接

交叉连接也被称为笛卡儿乘积,当对两个表使用交叉连接查询时,将生成来自这两个表各行的所有可能组合。语法格式如下。

```
FROM table1 CROSS JOIN table2 [ON join_conditions]
```

在交叉连接中,生成的结果分为两种情况:不使用 WHERE 子句的交叉连接和使用 WHERE 子句的交叉连接。

6.2.4 自连接

连接操作不仅可以在不同的表中进行,也可以在一个表内进行连接查询,即将同一个表的不同行连接起来,叫作自连接。在进行自连接操作时,需要为表定义两个别名,且对所有列的引用都要使用别名限定。自连接操作与两个表的连接操作类似。

6.2.5 组合查询

组合查询是指将两个或更多的查询结果连接在一起组成一组数据的查询方式,该结果包含组合查询中所有查询结果中的全部行的数据。语法格式如下。

```
SELECT select_list
FROM table_source
[WHERE search_conditions]
{UNION [ALL]
SELECT select_list
FROM table_source
[WHERE search_conditions]}
[ORDER BY order_expression][;]
```

ALL 关键字表示将返回全部满足匹配的结果;不使用 ALL 关键字,则返回结果重复行中的一行。

6.3 子查询

子查询和连接子查询都可以实现对多个表中的数据进行查询访问。根据子查询返回的行数不同可以将其分为带有 IN 运算符的子查询、带有比较运算符的子查询、带有 EXISTS 运算符的子查询。

6.3.1 带有 IN 运算符的子查询

IN 关键字可以判断一个表中指定列的值是否包含在已定义的列表中,或在另一个表中。通过 IN 将原表中目标列的值和子查询的返回结果进行比较,若列值与子查询的结果一致或存在与之匹配的数据行,则查询结果中就包含该数据行。语法格式如下。

```
WHERE expression IN|NOT IN (subquery)
```

语法说明如下。

（1）expression：指定所要查询的目标列或表达式。

（2）subquery：指定子查询的内容。

6.3.2　带有比较运算符的子查询

带有比较运算符的子查询与带有 IN 运算符的子查询一样,返回一个值列表。语法格式如下。

```
WHERE expression operator [ANY|ALL|SOME] (subquery)
```

语法说明如下。

（1）operator：表示比较运算符。

（2）ANY|ALL|SOME：SQL 支持的在子查询中进行比较的关键字。

说明：ANY 和 SOME 表示若返回值中至少有一个值的比较为真,那么就满足查询条件。ALL 表示无论子查询返回的每个值的比较是否为真或有无返回值,都应满足查询条件。

6.3.3　带有 EXISTS 运算符的子查询

EXISTS 运算符用于在 WHERE 子句中测试子查询返回的数据行是否存在,其不需要返回多行数据,只产生一个真值或假值,也就是说,如果子查询的值存在则返回真值；如果不存在则返回假值。语法格式如下。

```
WHERE EXISTS|NOT EXISTS (subquery)
```

任务实施

6.4　学生信息数据库的简单查询

在完成本项目任务前,请将样本数据库 stuinfo 附加至 SQL Server 2022 中。

6.4.1　使用 SELECT 语句查询学生信息数据库

1. 查询指定的列

【例 6.1】 从 stuinfo 数据库中的 student 表中查询学生的 sno、sname 和 sex。

在查询分析器中输入如下 Transact-SQL 语句并执行：

```
USE stuinfo
SELECT sno,sname,sex
FROM student;
```

执行结果如图 6-1 所示。

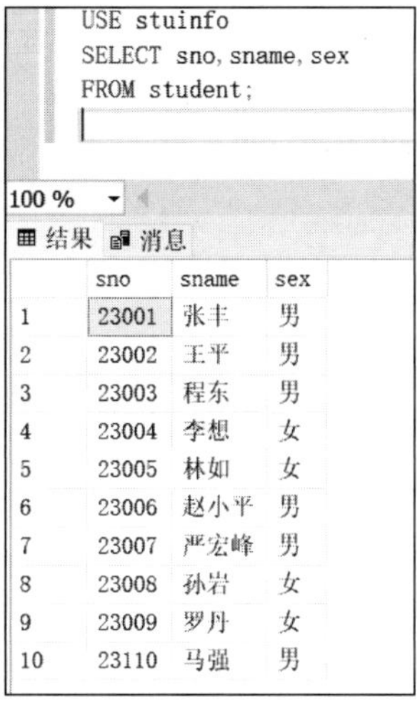

```
USE stuinfo
SELECT sno, sname, sex
FROM student;
```

	sno	sname	sex
1	23001	张丰	男
2	23002	王平	男
3	23003	程东	男
4	23004	李想	女
5	23005	林如	女
6	23006	赵小平	男
7	23007	严宏峰	男
8	23008	孙岩	女
9	23009	罗丹	女
10	23110	马强	男

图 6-1 查询 student 表中的部分列

2. 查询所有的列

【例 6.2】 查询 stuinfo 数据库中的 student 表中所有信息。

在查询分析器中输入如下 Transact-SQL 语句并执行：

```
USE stuinfo
SELECT *
FROM student;
```

执行结果如图 6-2 所示。

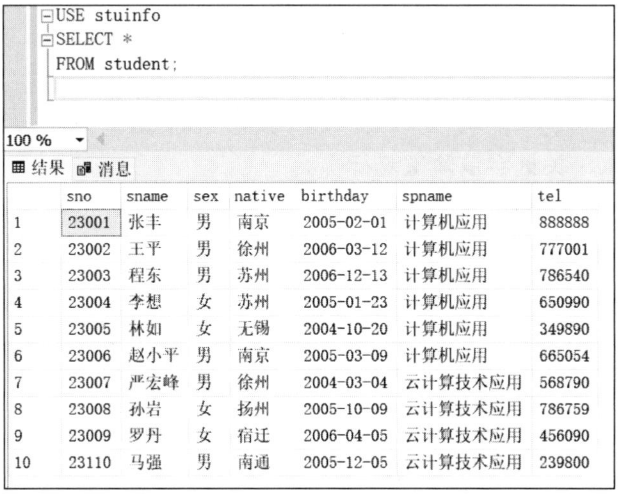

```
USE stuinfo
SELECT *
FROM student;
```

	sno	sname	sex	native	birthday	spname	tel
1	23001	张丰	男	南京	2005-02-01	计算机应用	888888
2	23002	王平	男	徐州	2006-03-12	计算机应用	777001
3	23003	程东	男	苏州	2006-12-13	计算机应用	786540
4	23004	李想	女	苏州	2005-01-23	计算机应用	650990
5	23005	林如	女	无锡	2004-10-20	计算机应用	349890
6	23006	赵小平	男	南京	2005-03-09	计算机应用	665054
7	23007	严宏峰	男	徐州	2004-03-04	云计算技术应用	568790
8	23008	孙岩	女	扬州	2005-10-09	云计算技术应用	786759
9	23009	罗丹	女	宿迁	2006-04-05	云计算技术应用	456090
10	23110	马强	男	南通	2005-12-05	云计算技术应用	239800

图 6-2 查询 student 表中所有信息

3. 设置列别名

【例 6.3】 查询 stuinfo 数据库中的 course 表中的课程编号、课程名称和学分，设置列别名，用汉字显示。

用三种方法设置列别名。

在查询分析器中输入如下 Transact-SQL 语句并执行：

```
USE stuinfo
SELECT '课程编号' = cno,'课程名称' = cname,'学分' = credit
FROM course;
```

在查询分析器中输入如下 Transact-SQL 语句并执行：

```
USE stuinfo
SELECT cno '课程编号',cname '课程名称',credit '学分'
FROM course;
```

在查询分析器中输入如下 Transact-SQL 语句并执行：

```
USE stuinfo
SELECT cno AS '课程编号',cname AS '课程名称',credit AS '学分'
FROM course;
```

三种方法执行结果如图 6-3 所示。

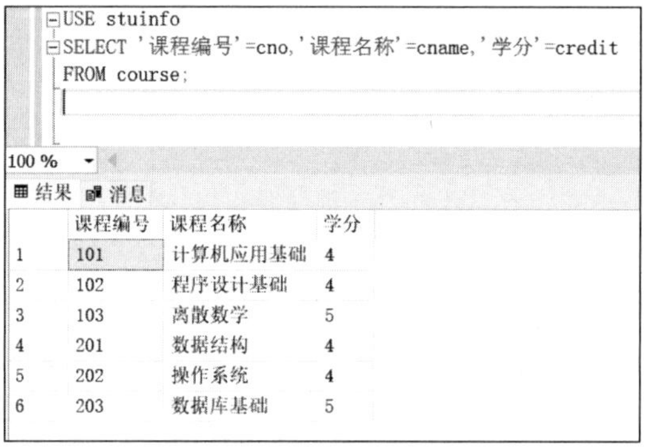

图 6-3　为 course 表中的列设置别名

4. 使用 DISTINCT 关键字消除重复行

【例 6.4】　从 stuinfo 数据库中的 student 表中查询学生的 native(籍贯)，消除重复行。
在查询分析器中输入如下 Transact-SQL 语句并执行：

```
USE stuinfo
SELECT DISTINCT native '籍贯'
FROM student;
```

执行结果如图 6-4 所示。

5. 使用 TOP n [PERCENT]返回前 n 行

【例 6.5】　从 stuinfo 数据库中的 student 表中查询所有信息，只显示前 3 行记录。
在查询分析器中输入如下 Transact-SQL 语句并执行：

```
USE stuinfo
SELECT TOP 3 *
FROM student;
```

执行结果如图 6-5 所示。

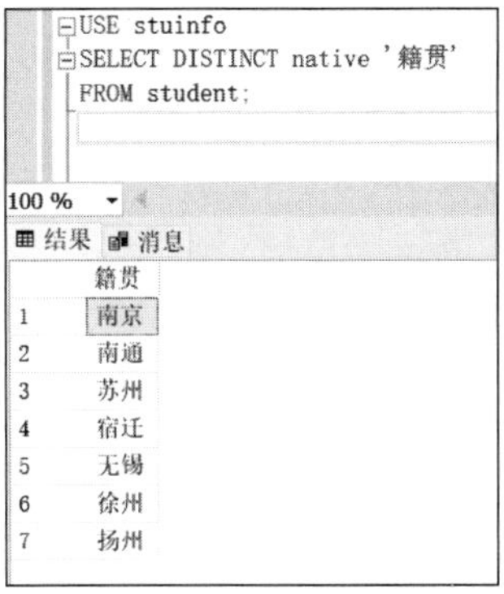

图 6-4 使用 DISTINCT 消除重复行

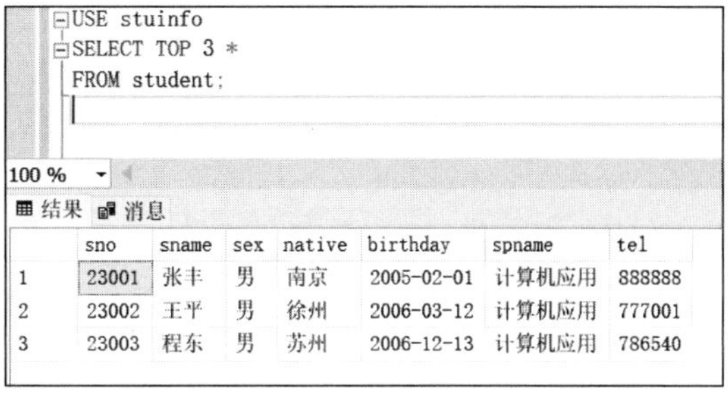

图 6-5 使用 TOP 关键字显示 student 表中前 3 行记录

【例 6.6】 从 stuinfo 数据库中的 student 表中查询所有信息,只显示前 30％行记录。

在查询分析器中输入如下 Transact-SQL 语句并执行:

```
USE stuinfo
SELECT TOP 30 PERCENT *
FROM student;
```

执行结果如图 6-6 所示。

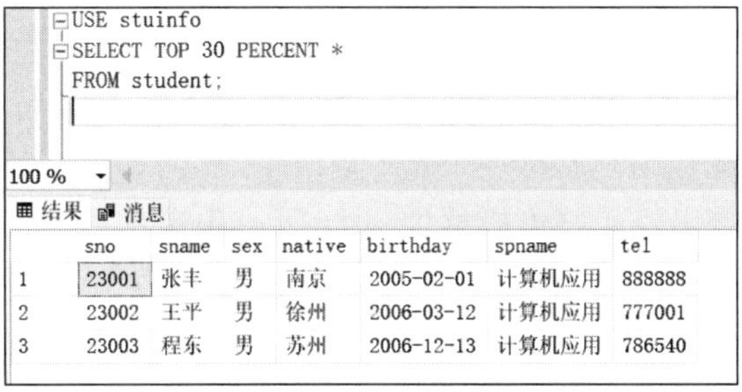

图 6-6 使用 TOP 关键字显示 student 表中前 30％行记录

6. 在查询结果中增加字符串

【例 6.7】 从 stuinfo 数据库中的 student 表中查询学生的 sname 和 native。这两列前面分别增加"姓名"和"籍贯"字符串。

在查询分析器中输入如下 Transact-SQL 语句并执行:

```
USE stuinfo
SELECT '姓名:',sname,'籍贯:',native
FROM student;
```

执行结果如图 6-7 所示。

7. 计算列值

【例 6.8】 将 stuinfo 数据库中的 grade 表中 score(成绩)提高 5 分计算,显示最终结果。

在查询分析器中输入如下 Transact-SQL 语句并执行:

```
USE stuinfo
SELECT sno,cno,score = score + 5
FROM grade;
```

执行结果如图 6-8 所示。

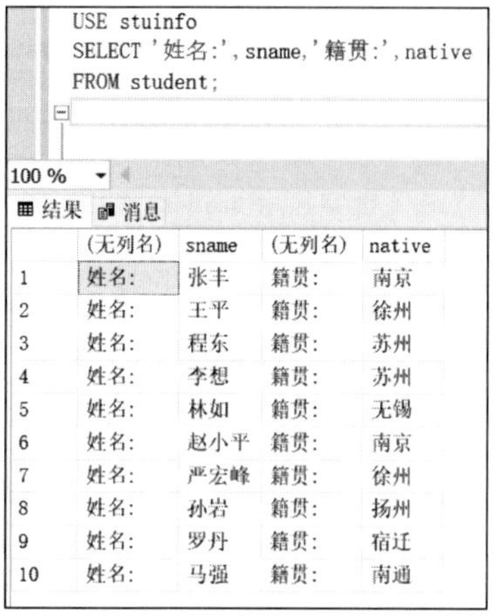

	(无列名)	sname	(无列名)	native
1	姓名:	张丰	籍贯:	南京
2	姓名:	王平	籍贯:	徐州
3	姓名:	程东	籍贯:	苏州
4	姓名:	李想	籍贯:	苏州
5	姓名:	林如	籍贯:	无锡
6	姓名:	赵小平	籍贯:	南京
7	姓名:	严宏峰	籍贯:	徐州
8	姓名:	孙岩	籍贯:	扬州
9	姓名:	罗丹	籍贯:	宿迁
10	姓名:	马强	籍贯:	南通

图 6-7　在查询结果中增加字符串

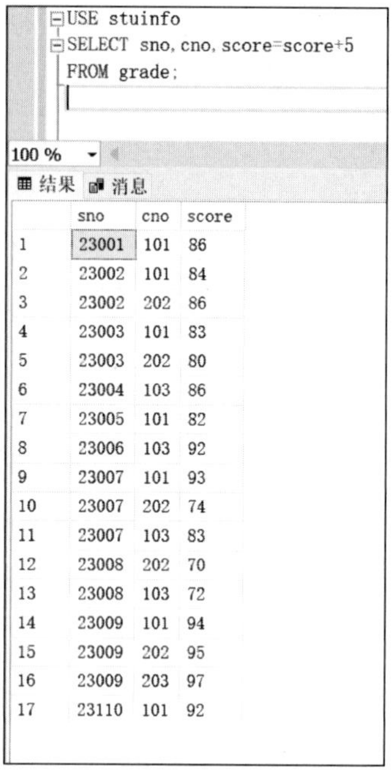

	sno	cno	score
1	23001	101	86
2	23002	101	84
3	23002	202	86
4	23003	101	83
5	23003	202	80
6	23004	103	86
7	23005	101	82
8	23006	103	92
9	23007	101	93
10	23007	202	74
11	23007	103	83
12	23008	202	70
13	23008	103	72
14	23009	101	94
15	23009	202	95
16	23009	203	97
17	23110	101	92

图 6-8　计算列值

说明：对于计算列，可以使用+（加）、−（减）、*（乘）、/（除）、%（取余）、字符串连接符等。

【例 6.9】 使用字符串连接符连接学生 sname、native。

在查询分析器中输入如下 Transact-SQL 语句并执行：

```
USE stuinfo
SELECT sno,'姓名:' + sname + '籍贯:' + native AS '学生信息'
FROM student;
```

执行结果如图 6-9 所示。

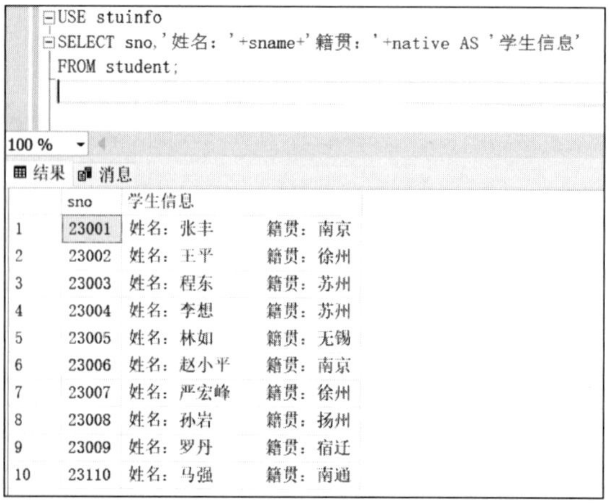

	sno	学生信息
1	23001	姓名: 张丰　　籍贯: 南京
2	23002	姓名: 王平　　籍贯: 徐州
3	23003	姓名: 程东　　籍贯: 苏州
4	23004	姓名: 李想　　籍贯: 苏州
5	23005	姓名: 林如　　籍贯: 无锡
6	23006	姓名: 赵小平　籍贯: 南京
7	23007	姓名: 严宏峰　籍贯: 徐州
8	23008	姓名: 孙岩　　籍贯: 扬州
9	23009	姓名: 罗丹　　籍贯: 宿迁
10	23110	姓名: 马强　　籍贯: 南通

图 6-9　使用字符串连接符连接列

6.4.2　使用 WHERE 子句查询学生信息数据库

1. 使用比较运算符

视频讲解

【例 6.10】　查询 stuinfo 数据库中的 student 表中性别为“男”的学生信息。

在查询分析器中输入如下 Transact-SQL 语句并执行：

```
USE stuinfo
SELECT *
FROM student
WHERE sex = '男';
```

执行结果如图 6-10 所示。

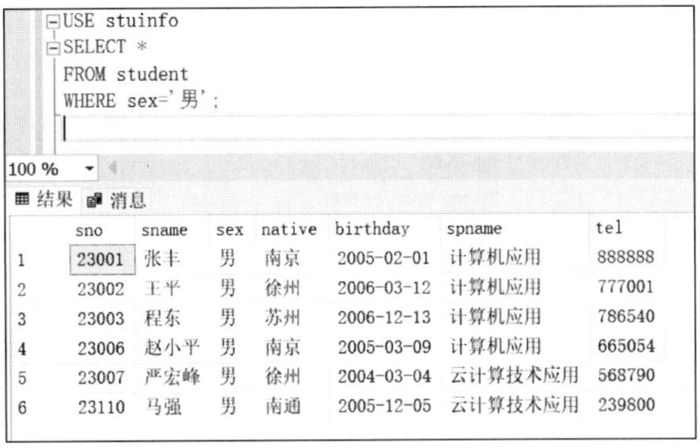

	sno	sname	sex	native	birthday	spname	tel
1	23001	张丰	男	南京	2005-02-01	计算机应用	888888
2	23002	王平	男	徐州	2006-03-12	计算机应用	777001
3	23003	程东	男	苏州	2006-12-13	计算机应用	786540
4	23006	赵小平	男	南京	2005-03-09	计算机应用	665054
5	23007	严宏峰	男	徐州	2004-03-04	云计算技术应用	568790
6	23110	马强	男	南通	2005-12-05	云计算技术应用	239800

图 6-10　查询性别为“男”的学生信息

【例 6.11】　查询 stuinfo 数据库中的 grade 表中成绩小于 70 分的学生情况。

在查询分析器中输入如下 Transact-SQL 语句并执行：

```
USE stuinfo
SELECT *
FROM grade
WHERE score < 70;
```

执行结果如图 6-11 所示。

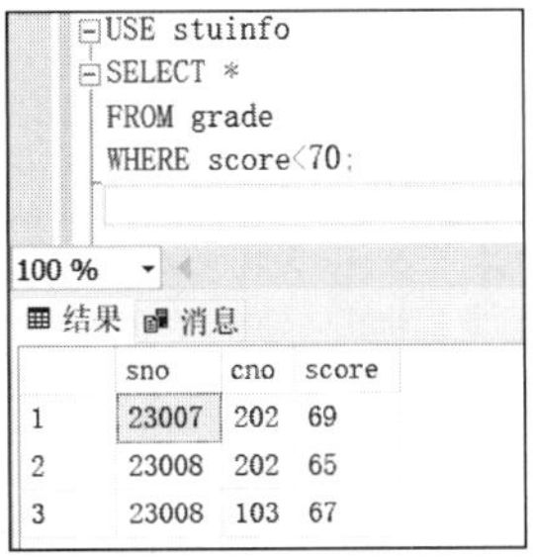

	sno	cno	score
1	23007	202	69
2	23008	202	65
3	23008	103	67

图 6-11　查询成绩小于 70 分的学生情况

重要提示：在使用比较运算符做查询时，若连接的数据类型不是数字，则需用单引号将比较运算符后面的数据引起来。运算符两边表达式的数据类型必须保持一致。

2. 使用逻辑运算符

【例 6.12】 查询 stuinfo 数据库中的 student 表中性别是"男"并且籍贯为"南通"的学生信息。

在查询分析器中输入如下 Transact-SQL 语句并执行：

```
USE stuinfo
SELECT sname,sex,native
FROM student
WHERE sex = '男' and native = '南通';
```

执行结果如图 6-12 所示。

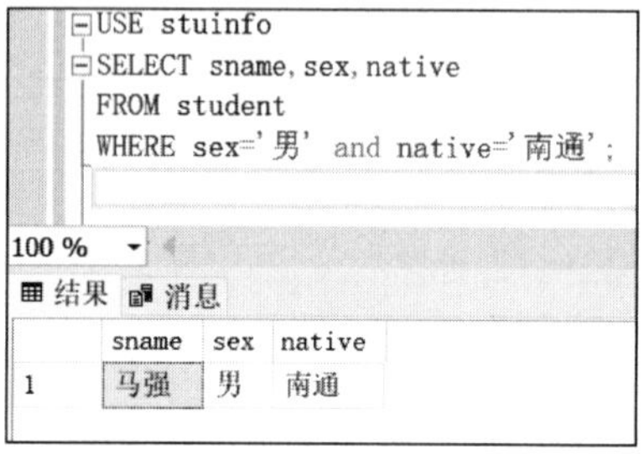

图 6-12　查询性别是"男"并且籍贯为"南通"的学生信息

【例 6.13】 查询 stuinfo 数据库中的 student 表中籍贯为"徐州"或者专业是"云计算技术应用"的学生信息。

在查询分析器中输入如下 Transact-SQL 语句并执行：

```
USE stuinfo
SELECT *
FROM student
WHERE spname = '云计算技术应用' or native = '徐州';
```

执行结果如图 6-13 所示。

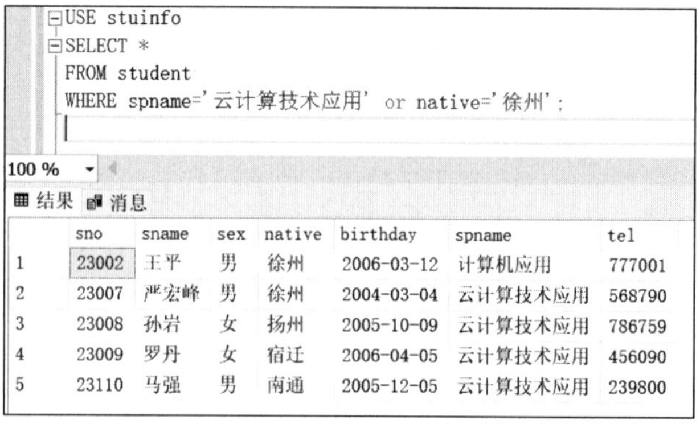

图 6-13　查询籍贯为"徐州"或者专业是"云计算技术应用"的学生信息

3. 使用范围运算符

【例 6.14】 查询 stuinfo 数据库中的 grade 表中 202 课程号的成绩在 80 至 90 之间的学生的学号和成绩。

在查询分析器中输入如下 Transact-SQL 语句并执行：

```
USE stuinfo
SELECT sno,score
FROM grade
WHERE cno = '202' and score BETWEEN 80 AND 90;
```

执行结果如图 6-14 所示。

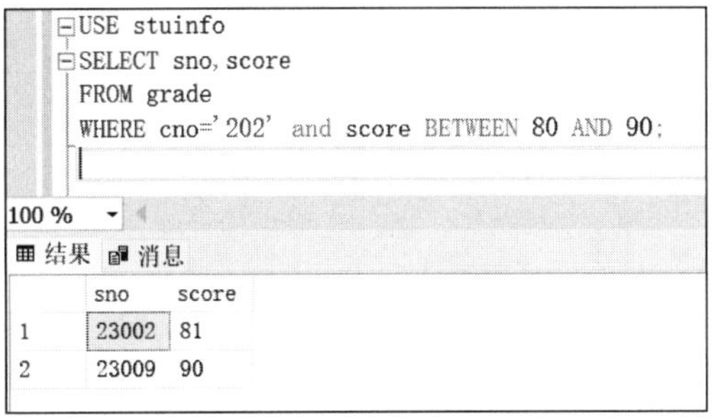

图 6-14　查询 202 课程号成绩在 80 至 90 之间的学生信息

【例 6.15】　查询 stuinfo 数据库中的 student 表中出生日期在 2004-1-1 至 2005-12-31 之间的学生信息。

在查询分析器中输入如下 Transact-SQL 语句并执行：

```
USE stuinfo
SELECT *
FROM student
WHERE birthday BETWEEN '2004-1-1' AND '2005-12-31';
```

执行结果如图 6-15 所示。

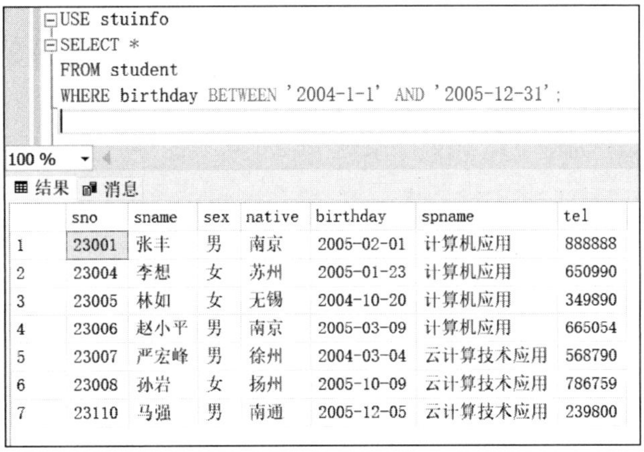

图 6-15　查询出生日期在 2004-1-1 至 2005-12-31 之间的学生信息

重要提示：当使用日期作为范围条件时，必须用单引号引起来，并且使用的日期必须是"年-月-日"的形式。

4. 使用列表运算符

【例 6.16】　查询 stuinfo 数据库中的 student 表中籍贯是"南京"或"徐州"的学生信息。

在查询分析器中输入如下 Transact-SQL 语句并执行：

```
USE stuinfo
SELECT *
FROM student
WHERE native IN('南京','徐州');
```

执行结果如图 6-16 所示。

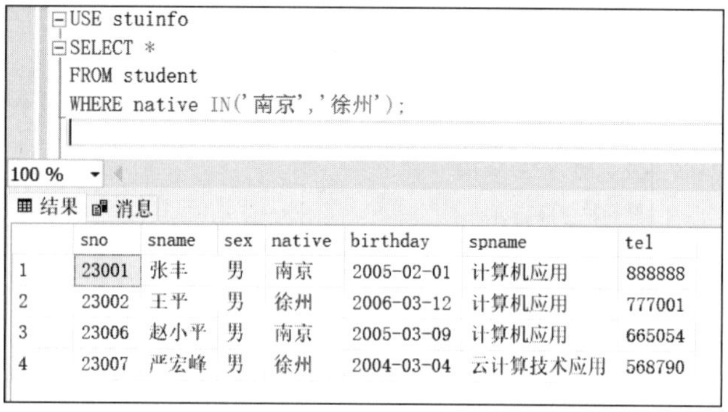

```
USE stuinfo
SELECT *
FROM student
WHERE native IN('南京','徐州');
```

	sno	sname	sex	native	birthday	spname	tel
1	23001	张丰	男	南京	2005-02-01	计算机应用	888888
2	23002	王平	男	徐州	2006-03-12	计算机应用	777001
3	23006	赵小平	男	南京	2005-03-09	计算机应用	665054
4	23007	严宏峰	男	徐州	2004-03-04	云计算技术应用	568790

图 6-16　查询籍贯是“南京”或“徐州”的学生信息

【例 6.17】　查询 stuinfo 数据库中的 student 表中籍贯不是“南京”也不是“无锡”的学生信息。

在查询分析器中输入如下 Transact-SQL 语句并执行：

```
USE stuinfo
SELECT *
FROM student
WHERE native NOT IN('南京','无锡');
```

执行结果如图 6-17 所示。

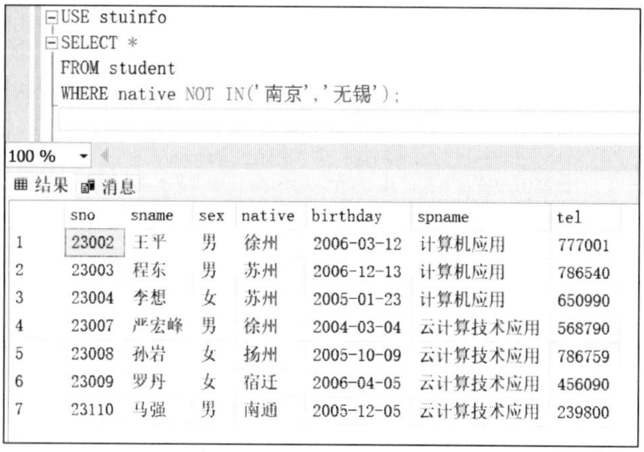

```
USE stuinfo
SELECT *
FROM student
WHERE native NOT IN('南京','无锡');
```

	sno	sname	sex	native	birthday	spname	tel
1	23002	王平	男	徐州	2006-03-12	计算机应用	777001
2	23003	程东	男	苏州	2006-12-13	计算机应用	786540
3	23004	李想	女	苏州	2005-01-23	计算机应用	650990
4	23007	严宏峰	男	徐州	2004-03-04	云计算技术应用	568790
5	23008	孙岩	女	扬州	2005-10-09	云计算技术应用	786759
6	23009	罗丹	女	宿迁	2006-04-05	云计算技术应用	456090
7	23110	马强	男	南通	2005-12-05	云计算技术应用	239800

图 6-17　查询籍贯不是“南京”也不是“无锡”的学生信息

重要提示：在使用 IN 关键字时，有效值列表中不能包含 NULL 值的数据。

5. 使用 LIKE 条件

【例 6.18】　查询 stuinfo 数据库中的 student 表中名字中含有“峰”的学生信息。

在查询分析器中输入如下 Transact-SQL 语句并执行：

```
USE stuinfo
SELECT *
FROM student
WHERE sname LIKE '%峰%';
```

执行结果如图 6-18 所示。

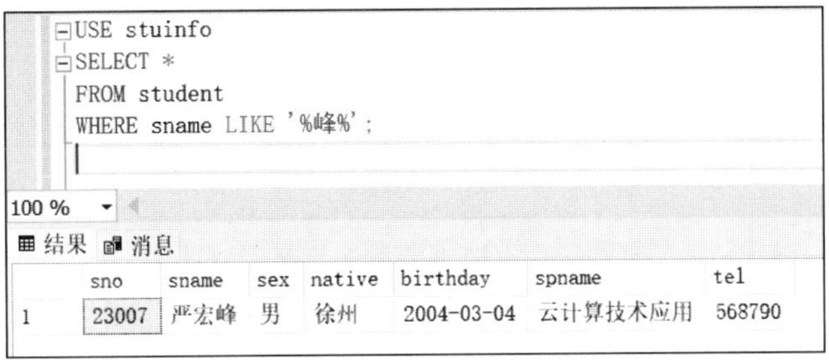

```
USE stuinfo
SELECT *
FROM student
WHERE sname LIKE '%峰%';
```

100 %

结果　消息

	sno	sname	sex	native	birthday	spname	tel
1	23007	严宏峰	男	徐州	2004-03-04	云计算技术应用	568790

图 6-18　查询名字中含有“峰”的学生信息

【例 6.19】　查询 stuinfo 数据库中的 student 表中名字中不含有“峰”的学生信息。

在查询分析器中输入如下 Transact-SQL 语句并执行：

```
USE stuinfo
SELECT *
FROM student
WHERE sname NOT LIKE '%峰%';
```

执行结果如图 6-19 所示。

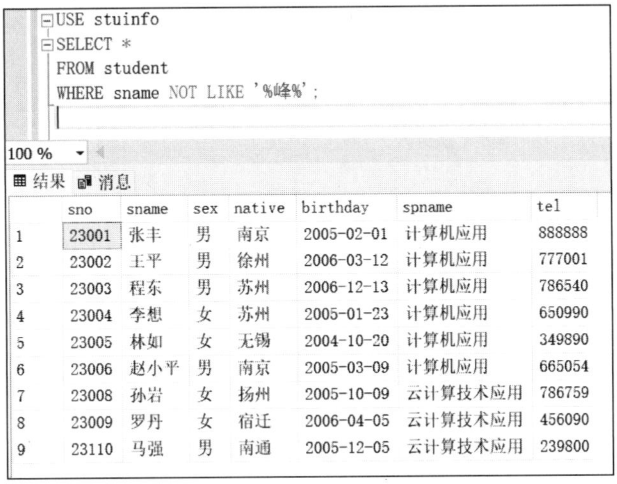

```
USE stuinfo
SELECT *
FROM student
WHERE sname NOT LIKE '%峰%';
```

100 %

结果　消息

	sno	sname	sex	native	birthday	spname	tel
1	23001	张丰	男	南京	2005-02-01	计算机应用	888888
2	23002	王平	男	徐州	2006-03-12	计算机应用	777001
3	23003	程东	男	苏州	2006-12-13	计算机应用	786540
4	23004	李想	女	苏州	2005-01-23	计算机应用	650990
5	23005	林如	女	无锡	2004-10-20	计算机应用	349890
6	23006	赵小平	男	南京	2005-03-09	计算机应用	665054
7	23008	孙岩	女	扬州	2005-10-09	云计算技术应用	786759
8	23009	罗丹	女	宿迁	2006-04-05	云计算技术应用	456090
9	23110	马强	男	南通	2005-12-05	云计算技术应用	239800

图 6-19　查询名字中不含有“峰”的学生信息

6. 使用 IS NULL 条件

【例 6.20】　查询 stuinfo 数据库中的 grade 表中成绩为空的学生信息（grade 表中的 score 列值均不为空，所以没有查出满足条件的学生信息）。

在查询分析器中输入如下 Transact-SQL 语句并执行：

```
USE stuinfo
SELECT *
FROM grade
WHERE score IS NULL;
```

执行结果如图 6-20 所示。

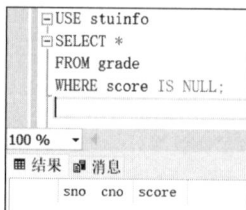

图 6-20　查询成绩为空的学生信息

6.4.3　使用 GROUP BY 子句查询学生信息数据库

【例 6.21】　按学生籍贯统计各个地区的人数。

在查询分析器中输入如下 Transact-SQL 语句并执行：

```
USE stuinfo
SELECT native,COUNT(native) as '籍贯人数'
FROM student
GROUP BY native;
```

执行结果如图 6-21 所示。

图 6-21　统计各个地区的人数

【例 6.22】　查询选修 101 课程的学生的平均成绩。

在查询分析器中输入如下 Transact-SQL 语句并执行：

```
USE stuinfo
SELECT AVG(score) AS '101课程平均成绩'
FROM grade
WHERE cno = '101';
```

执行结果如图 6-22 所示。

图 6-22 选修 101 课程的学生的平均成绩

【例 6.23】 查询学号为 23007 的学生所学课程的总成绩。

在查询分析器中输入如下 Transact-SQL 语句并执行：

```
USE stuinfo
SELECT SUM(score) AS '课程总成绩'
FROM grade
WHERE sno = '23007';
```

执行结果如图 6-23 所示。

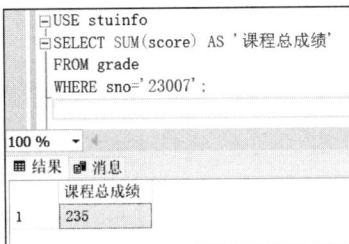

图 6-23 学号为 23007 的学生所学课程的总成绩

【例 6.24】 查询选修 202 课程的学生的最高分和最低分。

在查询分析器中输入如下 Transact-SQL 语句并执行：

```
USE stuinfo
SELECT MAX(score) AS '202 课程的最高分',MIN(score) AS '202 课程的最低分'
FROM grade
WHERE cno = '202';
```

执行结果如图 6-24 所示。

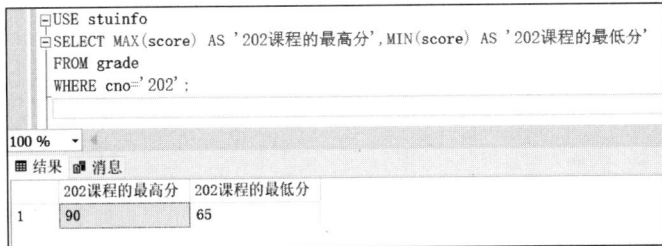

图 6-24 选修 202 课程的学生的最高分和最低分

6.4.4　使用 HAVING 子句查询学生信息数据库

【例 6.25】　查询籍贯为"徐州"的学生的平均年龄。

在查询分析器中输入如下 Transact-SQL 语句并执行：

```
USE stuinfo
SELECT native AS '籍贯',AVG(YEAR(GETDATE()) – YEAR(birthday)) AS '平均年龄'
FROM student
GROUP BY native
HAVING native = '徐州';
```

执行结果如图 6-25 所示。

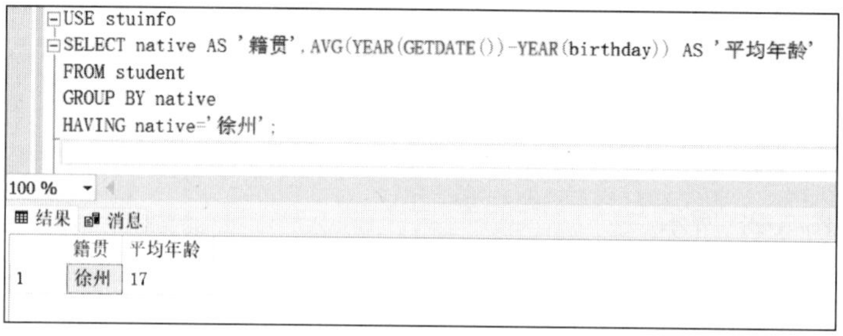

图 6-25　籍贯为"徐州"的学生的平均年龄

【例 6.26】　查询选修课程超过 2 门并且平均成绩在 70 分以上的学生学号和平均成绩。

在查询分析器中输入如下 Transact-SQL 语句并执行：

```
USE stuinfo
SELECT sno AS '学号',AVG(score) AS '平均成绩'
FROM grade
GROUP BY sno
HAVING AVG(score)> = 70 AND COUNT(sno)> 2;
```

执行结果如图 6-26 所示。

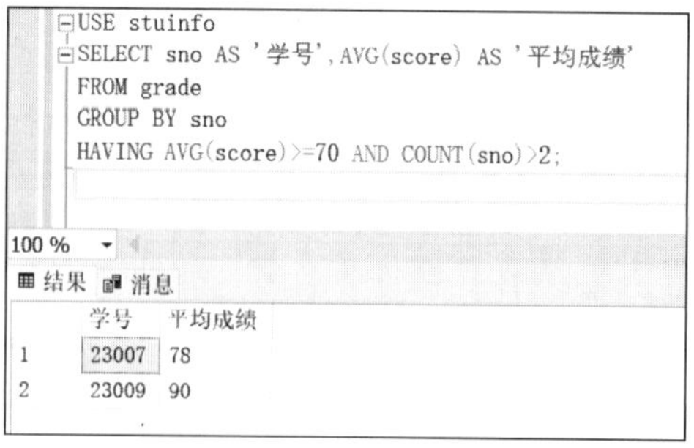

图 6-26　选修课程超过 2 门并且平均成绩在 70 分以上的学生信息

6.4.5　使用 ORDER BY 子句查询学生信息数据库

【例 6.27】　从 stuinfo 数据库中的 student 表中查询学生信息，并按照 birthday 的升序排序。

在查询分析器中输入如下 Transact-SQL 语句并执行：

```
USE stuinfo
SELECT *
FROM student
ORDER BY birthday ASC;
```

执行结果如图 6-27 所示。

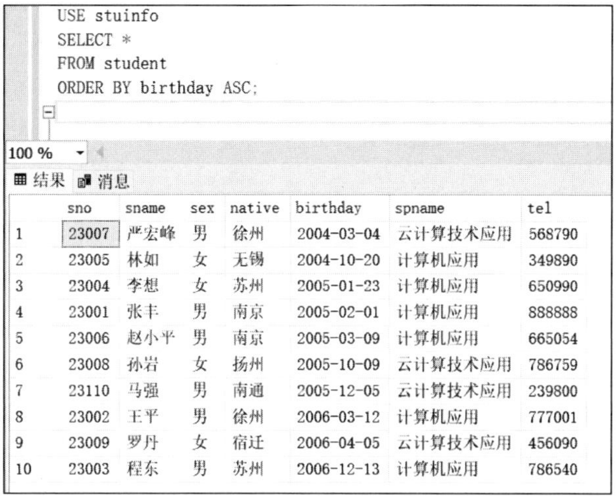

	sno	sname	sex	native	birthday	spname	tel
1	23007	严宏峰	男	徐州	2004-03-04	云计算技术应用	568790
2	23005	林如	女	无锡	2004-10-20	计算机应用	349890
3	23004	李想	女	苏州	2005-01-23	计算机应用	650990
4	23001	张丰	男	南京	2005-02-01	计算机应用	888888
5	23006	赵小平	男	南京	2005-03-09	计算机应用	665054
6	23008	孙岩	女	扬州	2005-10-09	云计算技术应用	786759
7	23110	马强	男	南通	2005-12-05	云计算技术应用	239800
8	23002	王平	男	徐州	2006-03-12	计算机应用	777001
9	23009	罗丹	女	宿迁	2006-04-05	云计算技术应用	456090
10	23003	程东	男	苏州	2006-12-13	计算机应用	786540

图 6-27　按照 birthday 的升序排序

【例 6.28】　查询选修了 202 课程的学生学号和成绩，并按照成绩的降序进行排序。

在查询分析器中输入如下 Transact-SQL 语句并执行：

```
USE stuinfo
SELECT sno, score
FROM grade
WHERE cno = '202'
ORDER BY score DESC;
```

执行结果如图 6-28 所示。

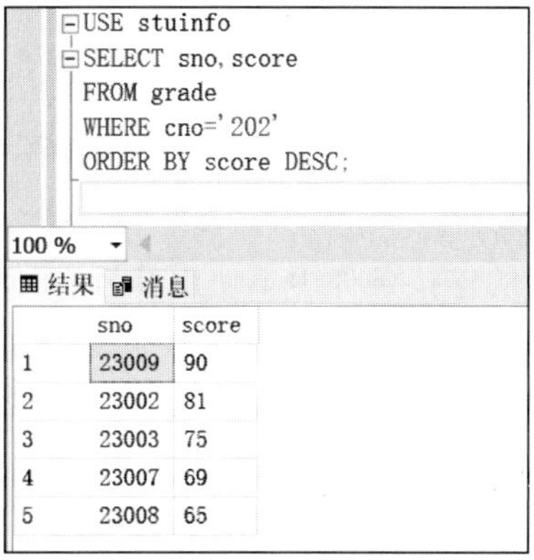

	sno	score
1	23009	90
2	23002	81
3	23003	75
4	23007	69
5	23008	65

图 6-28　选修 202 课程的学生按照成绩的降序排序

6.5 多表连接查询学生信息数据库

6.5.1 使用内连接查询学生信息数据库

1. 等值连接

等值连接是在连接条件中使用比较运算符等号(=)来比较连接列的列值,在其结果中列出被连接表中的所有数据,并且包括重复列。

【例 6.29】 查询 stuinfo 数据库中学生情况和选修课程情况。

在查询分析器中输入如下 Transact-SQL 语句并执行:

```
USE stuinfo
SELECT *
FROM student INNER JOIN grade
ON student.sno = grade.sno;
```

执行结果如图 6-29 所示。

```
USE stuinfo
SELECT *
FROM student INNER JOIN grade
ON student.sno=grade.sno;
```

100 %

结果 消息

	sno	sname	sex	native	birthday	spname	tel	sno	cno	score
1	23001	张丰	男	南京	2005-02-01	计算机应用	888888	23001	101	81
2	23002	王平	男	徐州	2006-03-12	计算机应用	777001	23002	101	79
3	23002	王平	男	徐州	2006-03-12	计算机应用	777001	23002	202	81
4	23003	程东	男	苏州	2006-12-13	计算机应用	786540	23003	101	78
5	23003	程东	男	苏州	2006-12-13	计算机应用	786540	23003	202	75
6	23004	李想	女	苏州	2005-01-23	计算机应用	650990	23004	103	81
7	23005	林如	女	无锡	2004-10-20	计算机应用	349890	23005	101	77
8	23006	赵小平	男	南京	2005-03-09	计算机应用	665054	23006	103	87
9	23007	严宏峰	男	徐州	2004-03-04	云计算技术应用	568790	23007	101	88
10	23007	严宏峰	男	徐州	2004-03-04	云计算技术应用	568790	23007	202	69
11	23007	严宏峰	男	徐州	2004-03-04	云计算技术应用	568790	23007	103	78
12	23008	孙岩	女	扬州	2005-10-09	云计算技术应用	786759	23008	202	65
13	23008	孙岩	女	扬州	2005-10-09	云计算技术应用	786759	23008	103	67
14	23009	罗丹	女	宿迁	2006-04-05	云计算技术应用	456090	23009	101	89
15	23009	罗丹	女	宿迁	2006-04-05	云计算技术应用	456090	23009	202	90
16	23009	罗丹	女	宿迁	2006-04-05	云计算技术应用	456090	23009	203	92
17	23110	马强	男	南通	2005-12-05	云计算技术应用	239800	23110	101	87

图 6-29 stuinfo 数据库中学生情况和选修课程情况

2. 非等值连接

非等值连接是在等值查询的连接条件中不使用等号,而使用其他比较运算符,例如,>、<、>=、<=、<>和 BETWEEN。

【例 6.30】 查询课程成绩在 80 分以上的学生学号、姓名、课程号和成绩,按照成绩降序排序。

在查询分析器中输入如下 Transact-SQL 语句并执行:

```
SELECT s.sno,s.sname, g.cno,g.score
FROM student s INNER JOIN grade g
ON s.sno = g.sno
WHERE score > 80
ORDER BY g.score DESC;
```

执行结果如图 6-30 所示。

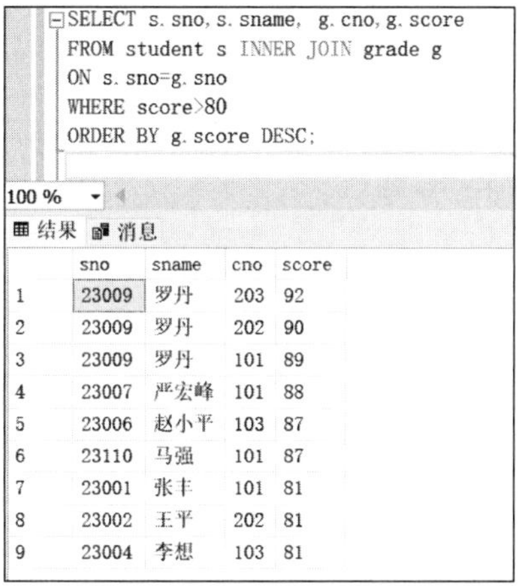

图 6-30 课程成绩在 80 分以上的学生情况

说明：在 FROM 子句中给出基表定义别名时，可以直接使用＜表名＞＜别名＞的方式，例如，student s。

6.5.2 使用外连接查询学生信息数据库

1. 左外连接

左外连接的查询中左表就是主表，右表就是从表。左外连接将返回左表的所有行，如果右表没有满足连接条件的行将显示 NULL 值。

语法格式如下。

```
FROM table1 LEFT OUTER JOIN table2 [ON join_conditions]
```

语法说明如下。

（1）OUTER JOIN：表示外连接。

（2）LEFT：表示左外连接的关键字。

（3）table1：表示主表。

（4）table2：表示从表。

【例 6.31】 查询学生信息，包括所选修的课程号。

在做本例前，先向 student 表中添加如表 6-3 记录。

表 6-3 student 表中添加的记录

sno	sname	sex	native	birthday	spname	tel
23112	张卫	女	南通	2005-12-1	云计算技术应用	567823

学号为 23112 的学生在 grade 表中是不存在的。

在查询分析器中输入如下 Transact-SQL 语句并执行：

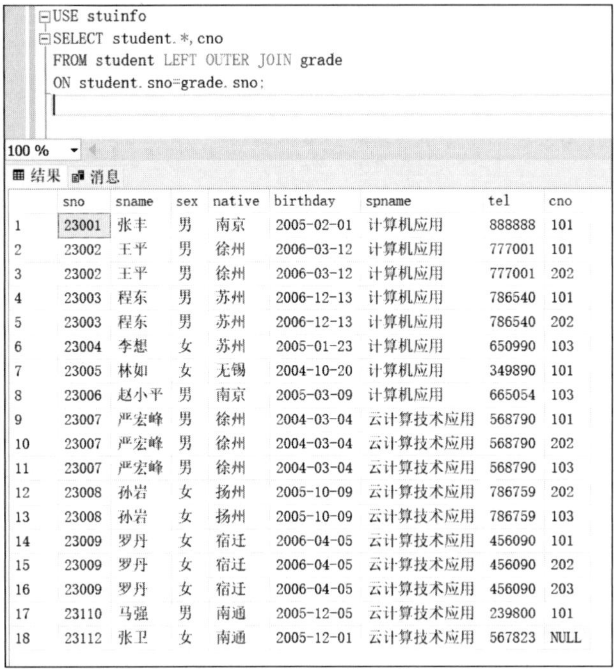

```
USE stuinfo
SELECT student. * ,cno
FROM student LEFT OUTER JOIN grade
ON student.sno = grade.sno;
```

执行结果如图 6-31 所示。

图 6-31　使用左外连接查询学生信息和选修的课程号

2. 右外连接

右外连接的查询中右表就是主表，左表就是从表。右外连接将返回右表的所有行，如果左表没有满足连接条件的行将显示 NULL 值。

语法格式如下。

```
FROM table1 RIGHT OUTER JOIN table2 [ON join_conditions]
```

【例 6.32】　对例 6.31 的左外连接使用右外连接。

为理解右外连接与左外连接的区别，在做本例前，先向 grade 表中添加如表 6-4 所示的记录。

表 6-4　grade 表中添加的记录

sno	cno	score
23111	101	60

学号为 23111 的学生在 student 表中是不存在的。

在查询分析器中输入如下 Transact-SQL 语句并执行：

```
USE stuinfo
SELECT student. * ,cno
FROM student RIGHT OUTER JOIN grade
ON student. sno = grade. sno;
```

执行结果如图 6-32 所示。

```
USE stuinfo
SELECT student.*,cno
FROM student RIGHT OUTER JOIN grade
ON student.sno=grade.sno;
```

100 %

结果 消息

	sno	sname	sex	native	birthday	spname	tel	cno
1	23001	张丰	男	南京	2005-02-01	计算机应用	888888	101
2	23002	王平	男	徐州	2006-03-12	计算机应用	777001	101
3	23002	王平	男	徐州	2006-03-12	计算机应用	777001	202
4	23003	程东	男	苏州	2006-12-13	计算机应用	786540	101
5	23003	程东	男	苏州	2006-12-13	计算机应用	786540	202
6	23004	李想	女	苏州	2005-01-23	计算机应用	650990	103
7	23005	林如	女	无锡	2004-10-20	计算机应用	349890	101
8	23006	赵小平	男	南京	2005-03-09	计算机应用	665054	103
9	23007	严宏峰	男	徐州	2004-03-04	云计算技术应用	568790	101
10	23007	严宏峰	男	徐州	2004-03-04	云计算技术应用	568790	202
11	23007	严宏峰	男	徐州	2004-03-04	云计算技术应用	568790	103
12	23008	孙岩	女	扬州	2005-10-09	云计算技术应用	786759	202
13	23008	孙岩	女	扬州	2005-10-09	云计算技术应用	786759	103
14	23009	罗丹	女	宿迁	2006-04-05	云计算技术应用	456090	101
15	23009	罗丹	女	宿迁	2006-04-05	云计算技术应用	456090	202
16	23009	罗丹	女	宿迁	2006-04-05	云计算技术应用	456090	203
17	23110	马强	男	南通	2005-12-05	云计算技术应用	239800	101
18	NULL	NULL	NULL	NULL	NULL	NULL	NULL	101

图 6-32 使用右外连接查询学生信息和选修的课程号

3. 完全外连接

完全外连接的查询结果返回两个表的所有行。

语法格式如下。

```
FROM table1 FULL OUTER JOIN table2 [ON join_conditions]
```

【例 6.33】 对例 6.31 的左外连接使用完全外连接。

在查询分析器中输入如下 Transact-SQL 语句并执行：

```
USE stuinfo
SELECT student. * ,cno
FROM student FULL OUTER JOIN grade
ON student. sno = grade. sno;
```

执行结果如图 6-33 所示。

说明：做完例 6.31 和例 6.32 后，删除新添加的两条记录。

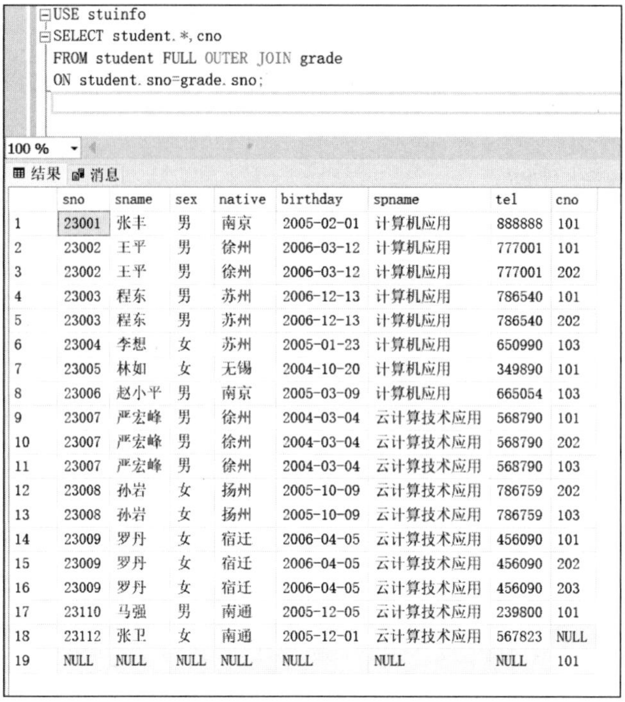

```
USE stuinfo
SELECT student.*,cno
FROM student FULL OUTER JOIN grade
ON student.sno=grade.sno;
```

	sno	sname	sex	native	birthday	spname	tel	cno
1	23001	张丰	男	南京	2005-02-01	计算机应用	888888	101
2	23002	王平	男	徐州	2006-03-12	计算机应用	777001	101
3	23002	王平	男	徐州	2006-03-12	计算机应用	777001	202
4	23003	程东	男	苏州	2006-12-13	计算机应用	786540	101
5	23003	程东	男	苏州	2006-12-13	计算机应用	786540	202
6	23004	李想	女	苏州	2005-01-23	计算机应用	650990	103
7	23005	林如	女	无锡	2004-10-20	计算机应用	349890	101
8	23006	赵小平	男	南京	2005-03-09	计算机应用	665054	103
9	23007	严宏峰	男	徐州	2004-03-04	云计算技术应用	568790	101
10	23007	严宏峰	男	徐州	2004-03-04	云计算技术应用	568790	202
11	23007	严宏峰	男	徐州	2004-03-04	云计算技术应用	568790	103
12	23008	孙岩	女	扬州	2005-10-09	云计算技术应用	786759	202
13	23008	孙岩	女	扬州	2005-10-09	云计算技术应用	786759	103
14	23009	罗丹	女	宿迁	2006-04-05	云计算技术应用	456090	101
15	23009	罗丹	女	宿迁	2006-04-05	云计算技术应用	456090	202
16	23009	罗丹	女	宿迁	2006-04-05	云计算技术应用	456090	203
17	23110	马强	男	南通	2005-12-05	云计算技术应用	239800	101
18	23112	张卫	女	南通	2005-12-01	云计算技术应用	567823	NULL
19	NULL	NULL	NULL	NULL	NULL	NULL	NULL	101

图 6-33　使用完全外连接查询学生信息和选修的课程号

6.5.3　使用交叉连接查询学生信息数据库

1. 不使用 WHERE 子句的交叉连接

不使用 WHERE 子句的交叉连接，返回的结果是两个表所有行的笛卡儿乘积，相当于一个表中符合查询条件的行数乘以另一个表中符合查询条件的行数。

【例 6.34】　查询 stuinfo 数据库中的 student 表和 grade 表中的所有数据信息。

在查询分析器中输入如下 Transact-SQL 语句并执行：

```
USE stuinfo
SELECT student.*,cno
FROM student CROSS JOIN grade;
```

执行结果如图 6-34 所示。

2. 使用 WHERE 子句的交叉连接

使用 WHERE 子句的交叉连接，返回的结果是两个表所有行的笛卡儿乘积减去 WHERE 子句条件搜索到的数据的行数。

【例 6.35】　对 stuinfo 数据库中的 student 表和 grade 表进行交叉连接查询，查询选修了 202 课程的学生信息和成绩。

在查询分析器中输入如下 Transact-SQL 语句并执行：

```
USE stuinfo
SELECT student.*,grade.score
FROM student CROSS JOIN grade
WHERE grade.sno = student.sno AND grade.cno = '202';
```

```
USE stuinfo
SELECT student. *,cno
FROM student CROSS JOIN grade:
```

	tel	cno
	888888	101
	888888	101
	888888	202
	888888	101
	888888	202
	888888	103
	888888	101
	888888	103
	888888	202
	888888	103
	888888	202
	888888	103
14	8888	101
	888	202
	888	203
	88	101
18	01	101
19	1	101
20		202
21		101
22		202
23		103
24		101

图

执行结果如图 6-35 所示

```
SELECT s
FROM stu
WHERE gra
```

	sno	snam
1	23002	王平
2	23003	程东
3	23007	严宏峰
4	23008	孙岩
5	23009	罗丹

图 6-35

6.5.4 使用自连接查询学生信息数据库

【例 6.36】 查询同名学生的学号、姓名和专业名。

在查询分析器中输入如下 Transact-SQL 语句并执行：

```
USE stuinfo
SELECT A. sno,A. sname,B. spname
FROM student A INNER JOIN student B
ON A. sname = B. sname
WHERE A. sno!= B. sno;
```

执行结果如图 6-36 所示。

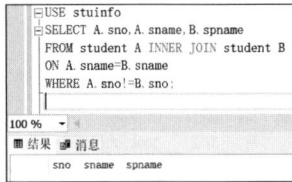

```
USE stuinfo
SELECT A. sno, A. sname, B. spname
FROM student A INNER JOIN student B
ON A. sname=B. sname
WHERE A. sno!=B. sno;
```

图 6-36　使用自连接查询

说明：由于 student 表中没有同名的学生，此例查询结果返回的是没有数据行。读者可自行添加同名学生试一试。

6.5.5　使用组合查询学生信息数据库

【例 6.37】　在 stuinfo 数据库中的 student 表中查询性别为"男"的学生的学号和姓名，并为其增加新列"所属位置"，新列的内容为"学生信息表"。在 grade 表中查询所有的学号和课程号信息，并定义新增列的内容为"选课信息表"，最后将两个查询结果组合在一起。

在查询分析器中输入如下 Transact-SQL 语句并执行：

```
USE stuinfo
SELECT sno, sname, '学生信息表' AS 所属位置
FROM student
WHERE sex = '男'
UNION
SELECT sno, cno, '选课信息表'
FROM grade;
```

执行结果如图 6-37 所示。

图 6-37　组合查询部分查询结果

说明：在进行组合查询时，查询结果的列标题是第一个查询语句的列标题。在进行组合查询时，需保证每个组合查询语句的选择列表中具有相同数量的表达式，并且每个查询选择表达式应具有相同的数据类型，或者可以自动将它们转换为相同的数据类型。

6.6　学生信息数据库的子查询

6.6.1　带有 IN 运算符的子查询

【例 6.38】　在 stuinfo 数据库中的 student 表中，查询与“王平”同样籍贯的学生信息。

在查询分析器中输入如下 Transact-SQL 语句并执行：

```
USE stuinfo
SELECT * FROM student
WHERE native IN(
  SELECT native FROM student
  WHERE sname = '王平'
);
```

执行结果如图 6-38 所示。

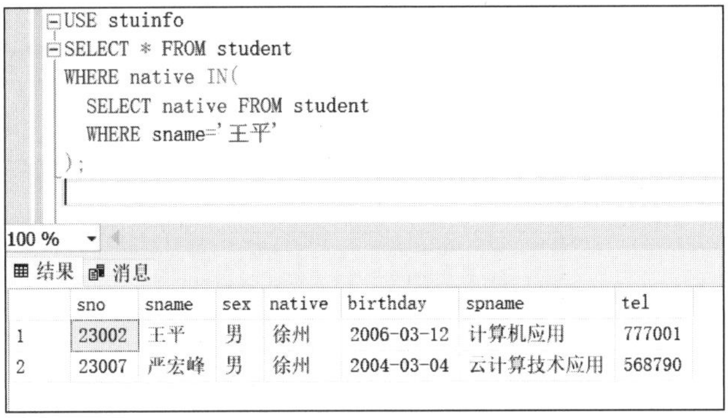

	sno	sname	sex	native	birthday	spname	tel
1	23002	王平	男	徐州	2006-03-12	计算机应用	777001
2	23007	严宏峰	男	徐州	2004-03-04	云计算技术应用	568790

图 6-38　带有 IN 运算符的子查询

6.6.2　带有 ANY 比较运算符的子查询

【例 6.39】　在 stuinfo 数据库中的 student 表中查询出任意一个大于平均年龄的学生学号、姓名和年龄。

在查询分析器中输入如下 Transact-SQL 语句并执行：

```
USE stuinfo
SELECT sno, sname, YEAR(GETDATE()) - YEAR(birthday) as age
FROM student
WHERE YEAR(GETDATE()) - YEAR(birthday)>
   ANY (SELECT AVG(YEAR(GETDATE()) - YEAR(birthday)) FROM student);
```

执行结果如图 6-39 所示。

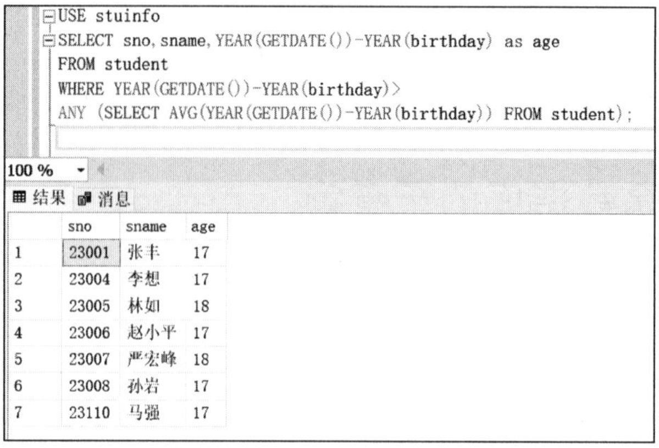

图 6-39 带有 ANY 比较运算符的子查询

6.6.3 带有 EXISTS 运算符的子查询

【例 6.40】 查询已选修课程的学生的学号和姓名。

在查询分析器中输入如下 Transact-SQL 语句并执行：

```
USE stuinfo
SELECT sno,sname
FROM student
WHERE EXISTS
(SELECT sno FROM grade);
```

执行结果如图 6-40 所示。

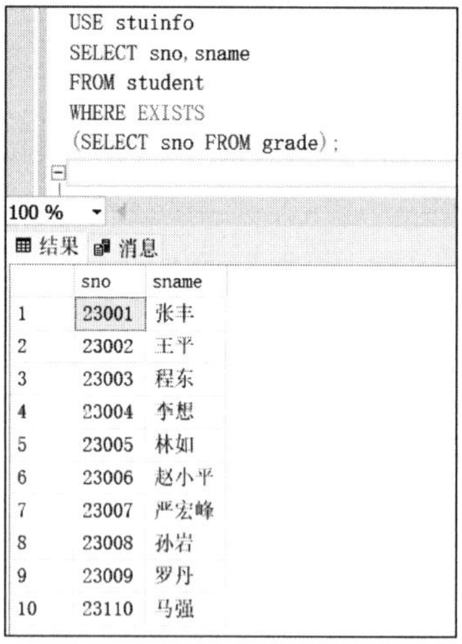

图 6-40 带有 EXISTS 运算符的子查询

单元小结

本项目介绍了 SELECT 语句的语法格式以及数据库中各种查询技术。

在 SQL Server 2022 系统中，通过使用 SELECT 语句来完成数据查询。介绍了高级数据查询,如多表连接查询和子查询。多表连接查询是指通过多个表之间的共同列的相关性来查询数据,是数据库查询最主要的特征。子查询可以实现对多个表中的数据进行查询访问。

单元实训

【实训目的】

(1) 掌握 SELECT 语句的基本语法和用法。

(2) 掌握使用 SELECT 语句进行简单数据查询和复杂数据查询。

【实训内容】

建议:以下查询均在样本数据库 stuinfo 中进行。

(1) 查询 course 表中的所有信息。

(2) 查询籍贯为"南通"的学生信息。

(3) 查询选修了 101 课程的人数。

(4) 查询姓"张"且名字为两个字的学生信息。

(5) 查询选修了 202 课程的学生学号、姓名、专业和成绩,并按成绩降序排序。

(6) 统计"云计算技术应用"专业的学生平均年龄。

(7) 查询年龄大于"云计算技术应用"专业的学生平均年龄的学生学号、姓名、性别和年龄。

(8) 查询 102 号课程成绩在 60～80 分的学生学号、姓名。

(9) 查询籍贯相同但专业不同的学生信息,包括学号、姓名、性别和专业。

(10) 查询与"张丰"同学不同籍贯的学生信息,包括学号、姓名、性别和籍贯。

项目七

学生信息数据库的Transact-SQL程序设计

学习目标

(1) 掌握：变量的声明与使用，各种类型的运算符的使用，Transact-SQL 中控制语句的使用，函数的使用。

(2) 理解：常量与变量的区别。

(3) 了解：Transact-SQL 语言的概述。

学习任务

在工作中需要使用 SQL Server 完成更多的操作，比如：

(1) 在 student 表中插入记录，如输入有误，则输出错误信息。

(2) 将 grade 表中学生成绩判断等级，如优秀、良好、合格、不及格。

知识学习

7.1 Transact-SQL 语言概述

视频讲解

Transact-SQL 语言是基于商业应用的结构化查询语言，是标准 SQL 语言的增强版本，是在 SQL 语言基础上扩充而来的事务化的 SQL 语言，除了提供标准的 SQL 命令之外，Transact-SQL 还对 SQL 做了补充，提供类似 C、BASIC 的基本功能。

Transact-SQL 语言是一种交互式查询语言，有自己的数据类型、表达式和关键字等。它是一种非过程化语言，只需要提出"做什么"，不需要指出"如何做"。

7.1.1 常量

常量，也称为文字值或标量值，是表示一个特定数据值的符号，是在程序运行过程中值不变的量。常量的格式取决于它所表示的值的数据类型。SQL Server 2022 中的常量分为以下几种类型。

1. 字符串常量

字符串常量是指括在单引号内并包含字母、数字字符(a～z、A～Z 和 0～9)以及特殊字符的常量。

以下是字符串常量的示例：

```
'abcd'
'数据库'
'abc@126.com'
```

2. Unicode 字符串

Unicode 字符串的格式与普通字符串相似，但它前面有一个 N 标识符（N 代表 SQL-92 标准中的区域语言）。N 前缀必须是大写字母。

以下是 Unicode 字符串的示例：

```
N'abcd'
N'数据库'
```

对于字符数据，存储 Unicode 数据时每个字符使用 2 个字节，而不是每个字符 1 个字节。

3. 二进制常量

二进制常量具有前辍 0x 并且是十六进制数字字符串。这些常量不使用引号括起来。

以下是二进制常量的示例：

```
0xAE
0x12Ef
0x
```

4. bit 常量

bit 常量使用数字 0 或 1 表示，并且不括在引号中。如果使用一个大于 1 的数字，则该数字将转换为 1。

5. datetime 常量

datetime 常量使用特定格式的字符日期值来表示，并被单引号括起来。

以下是 datetime 常量的示例：

```
'December 12, 2011'
'12 December, 2011'
'111212'
'12/12/11'
'2011 - 12 - 12 11:11:10'
```

6. 整型常量

整型常量以没有用引号括起来并且不包含小数点的数字字符串来表示。整型常量必须全部为数字，不能包含小数。

以下是整型常量的示例：

```
10
500
- 236
```

7. decimal 常量

decimal 常量由没有用引号括起来并且包含小数点的数字字符串来表示。

以下是 decimal 常量的示例：

```
10.12
2.36
− 203.68
```

8. float 和 real 常量

float 和 real 常量使用科学记数法来表示。

以下是 float 和 real 常量的示例：

```
101.2E3
2.5E − 2
− 12E3
```

9. money 常量

money 常量是以"＄"作为前缀的一个整型或实型常量数据。money 常量不使用引号括起。

以下是 money 常量的示例：

```
＄12
＄210.34
− ＄34.76
```

10. uniqueidentifier 常量

uniqueidentifier 常量是用于表示全局唯一标识符（GUID）值的字符串。可以使用字符或二进制字符串格式指定。

以下是 uniqueidentifier 常量的示例：

```
'6F9619FF − 8B86 − D011 − B42D − 00C04FC964FF'
```

7.1.2　变量

变量用于临时存放数据，在程序运行过程中变量中的数据可以改变。变量由变量名和数据类型组成。变量名用于标识该变量，不能与命令或函数名称相同；变量的数据类型确定变量存放值的格式和允许的运算。

变量分为系统全局变量和局部变量两种。

1. 系统全局变量

系统全局变量由系统提供且预先声明，其实质是一组特殊的系统函数，在名称前面加上@@，用户不能自定义系统全局变量，也不能修改系统全局变量的值。

2. 局部变量

局部变量是用户根据需要在程序内部创建的，是可以保存单个特定类型数据值的对象，其作用范围仅限于程序内部。局部变量通常作为计数器计算循环执行的次数或控制循环执行的次数，用于保存数据值以供控制流语句测试，还用于保存存储过程的返回值或函数返回值。

7.1.3　运算符与表达式

运算符是一种符号,用来指定要在一个或多个表达式中执行的操作。SQL Server 2022的运算符分为算术运算符、比较运算符、赋值运算符、位运算符、逻辑运算符、字符串连接运算符和一元运算符。

表达式是标识符、变量、常量、标量函数、子查询、运算符等的组合。

表达式可以分为简单表达式和复杂表达式两种类型。简单表达式可以是一个常量、变量、列名或标量函数。复杂表达式是指可以用运算符将两个或更多个简单表达式通过使用运算符连接起来的表达式。

1. 算术运算符

算术运算符用于在两个表达式上执行数学运算,这两个表达式可以是任何数字数据类型。SQL Server 2022 的算术运算符描述见表7-1。

表 7-1　算术运算符

算术运算符	说　　明
+(加)	对两个表达式进行加运算
-(减)	对两个表达式进行减运算
*(乘)	对两个表达式进行乘运算
/(除)	对两个表达式进行除运算
%(取模)	返回一个除法运算的整数余数

2. 比较运算符

比较运算符用于对两个表达式进行比较,用于测试两个表达式的值是否相同。返回的结果为 TRUE、FALSE 或 UNKOWN。SQL Server 2022 的比较运算符描述见表7-2。

表 7-2　比较运算符

比较运算符	说　　明
=(等于)	对于非空的参数,如果左边的参数等于右边的参数,则返回 TRUE;否则返回 FALSE
<>(不等于)	对于非空的参数,如果左边的参数不等于右边的参数,则返回 TRUE;否则返回 FALSE
>(大于)	对于非空的参数,如果左边的参数值大于右边的参数,则返回 TRUE;否则返回 FALSE
>=(大于或等于)	对于非空的参数,如果左边的参数值大于或等于右边的参数,则返回 TRUE;否则返回 FALSE
<(小于)	对于非空的参数,如果左边的参数值小于右边的参数,则返回 TRUE;否则返回 FALSE
<=(小于或等于)	对于非空的参数,如果左边的参数值小于或等于右边的参数,则返回 TRUE;否则返回 FALSE
!=(不等于)	非 ISO 标准
!<(不小于)	非 ISO 标准
!>(不大于)	非 ISO 标准

3. 赋值运算符

等号(=)是唯一的 Transact-SQL 赋值运算符。

4. 位运算符

位运算符在两个表达式之间执行位操作,这两个表达式的类型可以是整型或与整型兼容的数据类型。SQL Server 2022 的位运算符描述见表 7-3。

表 7-3　位运算符

位 运 算 符	说　　明
&（位与）	位与逻辑运算,两个位均为 1 时,结果为 1,否则为 0
|（位或）	位或逻辑运算,只要一个位为 1,结果为 1,否则为 0
^（位异或）	位异或运算,两个位值不同时,结果为 1,否则为 0

5. 逻辑运算符

逻辑运算符用于对某些条件进行测试,以获得其真实情况,运算结果为 TRUE、FALSE 或 UNKNOWN。SQL Server 2022 的逻辑运算符描述见表 7-4。

表 7-4　逻辑运算符

逻辑运算符	说　　明
ALL	如果一组的比较都为 TRUE,则运算结果为 TRUE
AND	如果两个布尔表达式都为 TRUE,则运算结果为 TRUE
ANY	如果一组的比较中任何一个为 TRUE,则运算结果为 TRUE
BETWEEN	如果操作数在指定的范围之内,则运算结果为 TRUE
EXISTS	如果子查询包含一些行,则运算结果为 TRUE
IN	如果操作数等于表达式列表中的一个,则运算结果为 TRUE
LIKE	如果操作数与一种模式相匹配,则运算结果为 TRUE
NOT	对任何其他布尔运算符的值取反
OR	如果两个布尔表达式中的一个为 TRUE,则运算结果为 TRUE
SOME	如果在一组比较中,有些值为 TRUE,则运算结果为 TRUE

6. 字符串连接运算符

字符串连接运算符用于连接字符串,通过运算符加号（＋）实现两个字符串的连接运算。

7. 一元运算符

一元运算符只对一个表达式执行操作,该表达式可以是 numeric 数据类型类别中的任何一种数据类型。SQL Server 2022 的一元运算符描述见表 7-5。

表 7-5　一元运算符

一元运算符	说　　明
＋（正）	数值为正
－（负）	数值为负
～（位非）	返回数字的非

说明：＋（正）和－（负）运算符可以用于 numeric 数据类型类别中任一数据类型的任意表达式。～（位非）运算符只能用于整数数据类型类别中任一数据类型的表达式。

8. 运算符优先级

当一个复杂的表达式有多个运算符时,运算符优先级决定执行运算的先后次序,这些运算符的执行顺序一般会影响表达式的运行结果。

SQL Server 2022 的运算符优先级描述见表 7-6,级别的数字越小,级别越高。

表 7-6　运算符优先级

级　　别	运　算　符
1	～（位非）
2	＊（乘）、/（除）、%（取模）
3	＋（正）、－（负）、＋（加）、（＋连接）、－（减）、&（位与）、^（位异或）、|（位或）
4	＝、＞、＜、＞＝、＜＝、＜＞、!＝、!＞、!＜（比较运算符）
5	NOT
6	AND
7	ALL、ANY、BETWEEN、IN、LIKE、OR、SOME
8	＝（赋值）

说明：当一个表达式中的两个运算符有相同的运算符优先级时，将按照它们在表达式中的位置对其从左到右进行求值；在表达式中使用括号替代所定义的运算符的优先级，首先对括号中的内容进行求值，从而产生一个值，然后括号外的运算符才可以使用这个值；如果表达式有嵌套的括号，那么首先对嵌套最深的表达式求值。

7.2　流程控制语句

流程控制语句是用来控制程序执行和流程分支的语句。下面介绍 Transact-SQL 的流程控制语句。

7.2.1　BEGIN…END 语句块

BEGIN…END 语句块用于定义一系列的 Transact-SQL 语句，从而可以执行一组 Transact-SQL 语句。语法格式如下。

```
BEGIN
    {
        sql_statement | statement_block
    }
END
```

语法说明如下。

（1）BEGIN：起始关键字，定义 Transact-SQL 语句的起始位置。

（2）sql_statement：任何有效的 Transact-SQL 语句。

（3）statement_block：任何有效的 Transact-SQL 语句块。

（4）END：结束关键字，定义 Transact-SQL 语句的结束位置。

说明：BEGIN…END 语句块允许嵌套使用；BEGIN 和 END 语句必须成对使用。

7.2.2　IF…ELSE 条件语句

IF…ELSE 条件语句指定 Transact-SQL 语句的执行条件。如果满足条件，则在 IF 关键字及其条件之后执行 Transact-SQL 语句，布尔表达式返回 TRUE。可选的 ELSE 关键字引入另一个 Transact-SQL 语句，当不满足 IF 条件时就执行该语句，布尔表达式返回 FALSE。语法格式如下。

```
IF boolean_expression
    { sql_statement | statement_block }
[ ELSE
    { sql_statement | statement_block } ]
```

语法说明如下。

（1）boolean_expression：返回 TRUE 或 FALSE 的表达式。如果布尔表达式中含有 SELECT 语句，则必须用括号将 SELECT 语句括起来。

（2）sql_statement：任何有效的 Transact-SQL 语句。

（3）statement_block：任何有效的 Transact-SQL 语句块。若定义语句块，要使用 BEGIN 和 END 来定义。

说明：IF…ELSE 条件语句可以嵌套使用；ELSE 子句是可选项，最简单的 IF 语句可以没有 ELSE 子句。

7.2.3　CASE 表达式

CASE 表达式用于计算条件列表并返回多个可能的结果表达式之一。CASE 表达式有 CASE 简单表达式和 CASE 搜索表达式两种。

1. CASE 简单表达式

CASE 简单表达式通过将表达式与一组简单的表达式进行比较来确定结果。语法格式如下。

```
CASE input_expression
    WHEN when_expression THEN result_expression [ …n ]
    [ ELSE else_result_expression ]
END
```

语法说明如下。

（1）input_expression：所计算的表达式，可以是任意有效的表达式。

（2）when_expression：要与 input_expression 进行比较的简单表达式，可以是任意有效的表达式。input_expression 及每个 when_expression 的数据类型必须相同或必须是隐式转换的数据类型。

（3）result_expression：当 input_expression — when_expression 计算结果为 TRUE，则返回 result_expression。

（4）else_result_expression：比较运算计算结果为 FALSE 时返回的表达式，可以是任意有效的表达式。else_result_expression 及任何 result_expression 的数据类型必须相同或必须是隐式转换的数据类型。

2. CASE 搜索表达式

CASE 搜索表达式通过计算一组布尔表达式来确定结果。语法格式如下。

```
CASE
    WHEN boolean_expression THEN result_expression [ …n ]
    [ ELSE else_result_expression ]
END
```

语法说明如下。

（1）boolean_expression：要计算的布尔表达式，可以是任意有效的布尔表达式。

（2）result_expression：当 boolean_expression 表达式的结果为 TRUE 时返回的表达式，可以是任意有效的表达式。

7.2.4 无条件转移语句

无条件转移语句用于将执行流程转移到标签处，跳过 GOTO 后面的 Transact-SQL 语句，并从标签位置继续处理。语法格式如下。

```
GOTO label
```

语法说明如下。

label：如果 GOTO 语句指向该标签，则其为处理的起点。标签必须符合标识符规则。

说明：一般不使用 GOTO 语句，因为使用 GOTO 语句实现跳转将破坏结构化语句的结构。

7.2.5 循环语句

循环语句设置重复执行 SQL 语句或语句块的条件。只要指定的条件为真，就重复执行构成循环体的 Transact-SQL 语句或语句块。可以使用 BREAK 和 CONTINUE 关键字在循环内部控制 WHILE 循环中语句的执行。语法格式如下。

```
WHILE boolean_expression
      { sql_statement | statement_block | BREAK | CONTINUE }
```

语法说明如下。

（1）boolean_expression：返回 TRUE 或 FALSE 的表达式。如果布尔表达式中含有 SELECT 语句，则必须用括号将 SELECT 语句括起来。

（2）sql_statement：任何有效的 Transact-SQL 语句。

（3）statement_block：任何有效的 Transact-SQL 语句块。若定义语句块，要使用 BEGIN 和 END 来定义。

（4）BREAK：从最内层的 WHILE 循环中退出。将执行出现在 END 关键字后面的任何语句。

（5）CONTINUE：使 WHILE 循环重新开始执行，忽略 CONTINUE 关键字后面的任何语句。

7.2.6 返回语句

返回语句用于从存储过程、批处理语句或语句块中无条件退出。语法格式如下。

```
RETURN [integer_expression]
```

语法说明如下。

integer_expression：返回的整数值。除非特别说明，否则返回 0 表示成功返回，返回非

0 值表示失败；当用于存储过程时，RETURN 不能返回空值。

7.2.7　等待语句

等待语句用于在达到指定时间或时间间隔之前，或者指定语句至少修改或返回一行之前，阻止执行批处理、存储过程或事务。语法格式如下。

```
WAITFOR
{
    DELAY 'time_to_pass'
  | TIME 'time_to_execute'
}
```

语法说明如下。

（1）DELAY：可以继续执行批处理、存储过程或事务之前所等待的一段时间间隔，最长可为 24 小时。

（2）'time_to_pass'：等待的时段。可以使用 datetime 数据格式指定，也可以将其指定为局部变量，不能指定日期。

（3）TIME：指定的运行批处理、存储过程或事务的时间。

（4）'time_to_execute'：WAITFOR 语句完成的时间。值的指定同'time_to_pass'。

7.2.8　错误处理语句

TRY…CATCH 错误处理语句用于对 Transact-SQL 实现错误处理。语法格式如下。

```
BEGIN TRY
      {sql_statement|statement_block}
END TRY
BEGIN CATCH
          [{sql_statement|statement_block}]
END CATCH
```

语法说明如下。

（1）sql_statement：任何有效的 Transact-SQL 语句。

（2）statement_block：任何有效的 Transact-SQL 语句块。若定义语句块，要使用 BEGIN 和 END 来定义。

7.3　常用系统内置函数

为了便于统计和处理数据，SQL Server 2022 提供了系统内置函数，函数是一组编译好的 Transact-SQL 语句，它们可以带一个或多个参数，也可以不带参数。函数执行的结果是返回一个数值或数值集合，也可能没有返回值。

在程序设计过程中，常常调用系统提供的内置函数。下面介绍一些常用的系统内置函数。

1. 聚合函数

聚合函数对一组值执行计算，并返回单个值。除了 COUNT 函数以外，聚合函数会忽略空值。聚合函数经常与 SELECT 语句的 GROUP BY 子句一起使用。

表 7-7 列举了常用的聚合函数。

表 7-7　常用聚合函数

聚 合 函 数	功　　能
AVG([ALL|DISTINCT] expression)	计算一组数据的平均值
MIN([ALL|DISTINCT] expression)	返回一组数据的最小值
MAX([ALL|DISTINCT] expression)	返回一组数据的最大值
SUM([ALL|DISTINCT] expression)	计算一组数据的和
COUNT({[[ALL|DISTINCT] expression]| * })	计算总行数,COUNT(*)返回行数,包含空值,返回结果是 int 类型数据
COUNT_BIG({[ALL|DISTINCT] expression}| *)	计算总行数,与 COUNT 函数用法类似,区别是返回值的类型不同,COUNT_BIG 函数返回的是 bigint 数据类型值
CHECKSUM_AGG([ALL|DISTINCT] expression)	返回校验和,忽略空值

2. 字符串函数

为了方便字符串类型数据的操作和处理,实现字符串的查找、转换等操作,SQL Server 2022 提供了功能较全的字符串函数。

表 7-8 列举了常用的字符串函数。

表 7-8　常用字符串函数

字符串函数	功　　能
ASCII(character_expression)	返回字符表达式中最左侧的字符的 ASCII 代码值
CHAR(integer_expression)	将 int ASCII 代码转换为字符
CHARINDEX(expression1,expression2 [,start_location])	返回 expression1 在 expression2 的开始位置,可从 start_location 进行查找,若未指定 start_location,或者指定为负数或 0,则默认从 expression2 的开始位置查找
DIFFERENCE(character_expression, character_expression)	返回一个整数值,指定两个字符表达式的 SOUNDEX 值之间的差异
LEFT(character_expression,integer_expression)	返回字符串中从左边开始指定个数的字符
LEN(string_expression)	返回指定字符串表达式的字符数,其中不包含尾随空格
LOWER(character_expression)	将大写字符数据转换为小写字符数据后返回字符表达式
LTRIM(character_expression)	返回删除了前导空格之后的字符表达式
NCHAR(integer_expression)	返回具有指定的整数代码的 Unicode 字符
PATINDEX('%pattern%',expression)	返回指定表达式中某模式'%pattern%'第一次出现的起始位置;如果在全部有效的文本和字符数据类型中没有找到该模式,则返回 0
REPLACE(string_expression,string_pattern, string_replacement)	用 string_replacement 替换 string_expression 中出现的所有指定字符串 string_pattern
REPLICATE(string_expression,integer_ expression)	以 integer_expression 指定的次数重复字符串 string_expression 的值
REVERSE(string_expression)	返回字符串值的逆向值

字符串函数	功　能
RIGHT(character_expression,integer_expression)	返回字符串 character_expression 中从右边开始指定个数 integer_expression 的字符
RTRIM(character_expression)	截断所有尾随空格后返回一个字符串
SOUNDEX(character_expression)	返回字符表达式所对应的四个字符的代码
SPACE(integer_expression)	返回由重复的空格组成的字符串
STR(float_expression[,length[,decimal]])	返回由数字数据转换来的字符数据
STUFF(character_expression,start,length,character_expression)	将字符串插入另一字符串。它在第一个字符串中从开始位置删除指定长度的字符；然后将第二个字符串插入第一个字符串的开始位置
SUBSTRING(value_expression,start_expression,length_expression)	返回字符表达式、二进制表达式、文本表达式或图像表达式的一部分,是 value_expression 中从 start_expression 开始的 length_expression 个字符
UPPER(character_expression)	返回小写字符数据转换为大写的字符表达式

3. 日期时间函数

日期时间函数用于处理日期,表 7-9 列举常用的日期时间函数。

表 7-9　常用日期时间函数

日期时间函数	功　能
DATEADD(datepart,number,date)	通过将一个时间间隔 number 与指定 date 的指定 datepart 相加,返回一个新的 datetime 值
DATENAME(datepart,date)	返回表示指定 date 的指定 datepart 的字符串
DATEPART(datepart,date)	返回表示指定 date 的指定 datepart 的整数
DATEDIFF(datepart,startdate,enddate)	返回两个指定日期之间所跨的日期或时间 datepart 边界的数目
DAY(date)	返回表示指定 date 的"日"部分的整数
MONTH(date)	返回表示指定 date 的"月"部分的整数
YEAR(date)	返回表示指定 date 的"年"部分的整数
GETDATE()	返回当前系统的日期和时间,日期时间类型为 datetime
GETUTCDATE()	返回当前系统的日期和时间,日期时间类型为 datetime。日期和时间作为 UTC 时间(通用协调时间)返回

4. 数学函数

数学函数便于操作与处理数字数据类型的数据,表 7-10 列举常用的数学函数。

表 7-10　常用数学函数

数　学　函　数	功　能
ABS(numeric_expression)	返回数值表达式 numeric_expression 的绝对值
ACOS(float_expression)	返回以弧度表示的角,其余弦是指定的 float_expression 表达式,也称为反余弦
ASIN(float_expression)	返回以弧度表示的角,其正弦为指定的 float_expression 表达式,也称为反正弦
ATAN(float_expression)	返回以弧度表示的角,其正切为指定的 float_expression 表达式,也称为反正切函数

续表

数 学 函 数	功　　能
ATAN2(float_expression,float_expression)	返回以弧度表示的角
CEILING(numeric_expression)	返回大于或等于指定数值表达式的最小整数
FLOOR(numeric_expression)	返回小于或等于指定数值表达式的最大整数
PI()	返回 PI 的常量值
RAND([seed])	返回一个介于 0 到 1(不包括 0 和 1)之间的伪随机 float 值
ROUND(numeric_expression,length [,function])	返回 numeric_expression 的值,并按给定小数位数四舍五入
SIGN(numeric_expression)	返回指定表达式的正号(+1)、零(0)或负号(-1)

5. 数据类型转换函数

数据类型相同时,才可以进行运算。SQL Server 2022 提供了 CAST 和 CONVERT 函数来实现数据类型的转换,两个函数都是将一种数据类型的表达式转换为另一种数据类型的表达式。

1) CAST 函数

语法格式如下。

```
CAST(expression AS data_type [(length)])
```

语法说明如下。

(1) expression:任何有效的表达式。

(2) data_type:目标数据类型,包括 xml、bigint 和 sql_variant,不能使用别名数据类型。

(3) length:指定目标数据类型长度的可选整数,默认值为 30。

2) CONVERT 函数

语法格式如下。

```
CONVERT (data_type [ ( length ) ], expression [ , style ] )
```

语法说明如下。

style:指定 CONVERT 函数如何转换 expression 的整数表达式。如果 style 为 NULL,则返回 NULL。该范围是由 data_type 确定的。

除以上介绍的五种系统内置函数外,系统内置函数还有元数据函数、安全函数、行集函数、游标函数、配置函数、文本与图像函数,它们的语法和功能可参考 SQL Server 联机丛书,在这里不再介绍。

任务实施

7.4　使用控制语句实现学生信息数据库的应用逻辑

7.4.1　使用 IF…ELSE 条件语句

【例 7.1】　查询 stuinfo 数据库中 student 表中 sno 为 23007 学生的信息之前,先判断有没有该学生。如果有,则执行查询操作;如果没有,则输出提示信息。

视频讲解

在查询分析器中输入如下 Transact-SQL 语句并执行：

```
IF (SELECT COUNT( * ) FROM student WHERE sno = '23007') = 0
  PRINT '没有该学生！'
ELSE
  BEGIN
    PRINT '该生信息如下：'
    SELECT * FROM student WHERE sno = '23007'
  END
```

执行结果如图 7-1 所示。

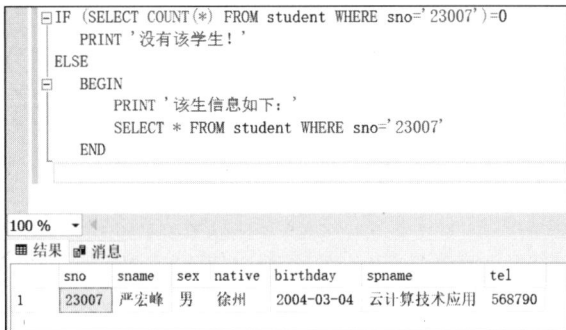

图 7-1　使用 IF…ELSE 条件语句

7.4.2　使用 CASE 表达式

1. CASE 简单表达式

【例 7.2】　使用 CASE 简单表达式，比较成绩等级所代表的分数范围。

在查询分析器中输入如下 Transact-SQL 语句并执行：

```
DECLARE @grade char(20)
SET @grade = '优秀'
SELECT '优秀' =
  CASE @grade
    WHEN '优秀' THEN '成绩在 90 到 100 之间'
    WHEN '良好' THEN '成绩在 80 到 89 之间'
    WHEN '中等' THEN '成绩在 70 到 79 之间'
    WHEN '合格' THEN '成绩在 60 到 69 之间'
    WHEN '不合格' THEN '成绩在 0 到 59 之间'
    ELSE '没有相应的等级'
  END
```

执行结果如图 7-2 所示。

2. CASE 搜索表达式

【例 7.3】　使用 CASE 搜索表达式，确定分数所属的成绩等级。

在查询分析器中输入如下 Transact-SQL 语句并执行：

```
DECLARE @score int
SET @score = 78
```

图 7-2 使用 CASE 简单表达式

```
SELECT '78 所属的等级' =
  CASE
    WHEN @score BETWEEN 90 AND 100 THEN '优秀'
    WHEN @score BETWEEN 80 AND 89 THEN '良好'
    WHEN @score BETWEEN 70 AND 79 THEN '中等'
    WHEN @score BETWEEN 60 AND 69 THEN '合格'
    WHEN @score BETWEEN 0 AND 59 THEN '不合格'
    ELSE '没有相应的等级'
  END
```

执行结果如图 7-3 所示。

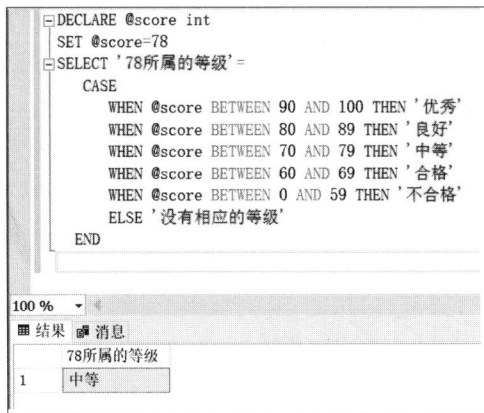

图 7-3 使用 CASE 搜索表达式

7.4.3 使用循环语句

【例 7.4】 使用 WHILE 循环语句输出从 1 到 10 的 10 个数。

在查询分析器中输入如下 Transact-SQL 语句并执行：

```
DECLARE @i int,@j int
SET @i = 10
SET @j = 1
```

```
WHILE @i >= @j
    BEGIN
        PRINT @j
        SET @j = @j + 1
    END
```

执行结果如图 7-4 所示。

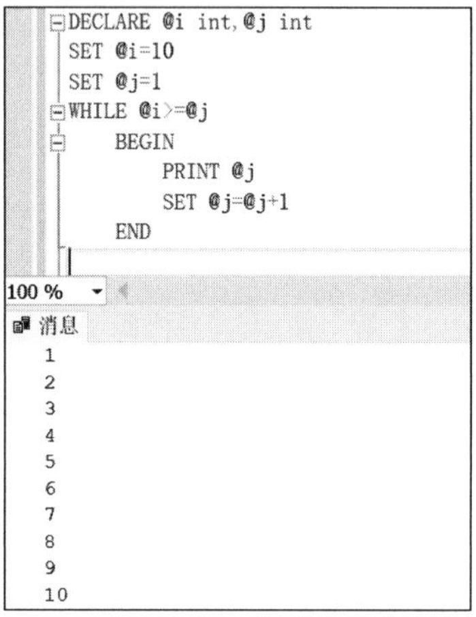

```
DECLARE @i int,@j int
SET @i=10
SET @j=1
WHILE @i>=@j
    BEGIN
        PRINT @j
        SET @j=@j+1
    END
```

```
100 %
消息
1
2
3
4
5
6
7
8
9
10
```

图 7-4　使用 WHILE 循环语句

7.4.4　使用等待语句

【例 7.5】　等待 2 小时 10 分 10 秒后执行查询语句。

在查询分析器中输入如下 Transact-SQL 语句并执行：

```
BEGIN
    WAITFOR DELAY '02:10:10'
    SELECT * FROM student
END
```

7.5　使用常用系统内置函数

【例 7.6】　使用字符串函数。将小写的字符串 dbms 转换成大写表示。

在查询分析器中输入如下 Transact-SQL 语句并执行：

```
SELECT UPPER('dbms');
```

执行结果如图 7-5 所示。

【例 7.7】　使用字符串函数。使用 REPLACE 函数替换字符串。

在查询分析器中输入如下 Transact-SQL 语句并执行：

```
SELECT REPLACE('数据库基础与应用','基础与应用','概论');
```

执行结果如图 7-6 所示。

图 7-5　使用 UPPER 函数

图 7-6　使用 REPLACE 函数

【例 7.8】　使用日期时间函数。获取当前系统的日期时间、年份、月份、日。

在查询分析器中输入如下 Transact-SQL 语句并执行：

```
SELECT GETDATE(),YEAR(GETDATE()),MONTH(GETDATE()),DAY(GETDATE());
```

执行结果如图 7-7 所示。

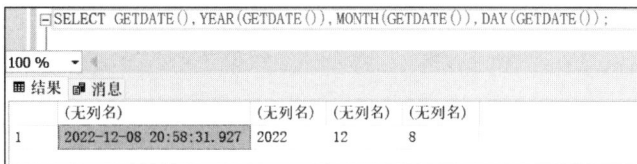

图 7-7　使用日期时间函数

【例 7.9】　使用数学函数。

在查询分析器中输入如下 Transact-SQL 语句并执行：

```
SELECT ABS( - 18);
SELECT PI(),ROUND( - 3.13985,2);
SELECT FLOOR(16.1),FLOOR( - 16.1);
SELECT CEILING(16.1),CEILING( - 16.1);
```

执行结果如图 7-8 所示。

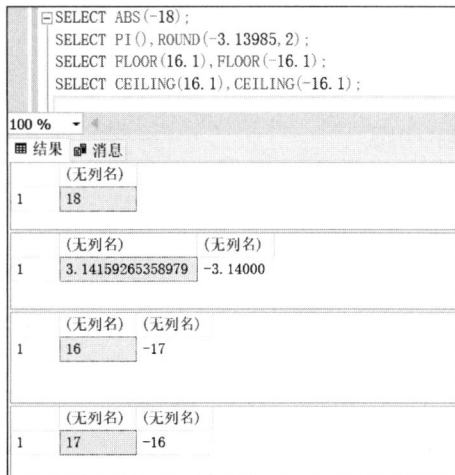

图 7-8　使用数学函数

【例 7.10】　使用 CAST 函数将字符串"50"和"20"转换成数字并相加,将数字 50 和 20 转换为字符串并连接。

在查询分析器中输入如下 Transact-SQL 语句并执行：

```
SELECT CAST('50' AS int) + CAST('20' AS int) AS '转换为数字';
SELECT CAST(50 AS char(5)) + CAST(20 AS char(5)) AS '转换为字符串';
```

执行结果如图 7-9 所示。

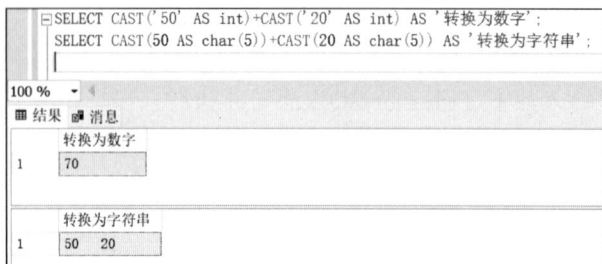

图 7-9　使用 CAST 函数

单元小结

本项目主要介绍了 Transact-SQL 语言基础、流程控制语句和常用函数。

Transact-SQL 语言是一种交互式查询语言。

常量，也称为文字值或标量值，是表示一个特定数据值的符号。变量用于临时存放数据，在程序运行过程中变量中的数据可以改变。

运算符是一种符号，用来指定要在一个或多个表达式中执行的操作。表达式是标识符、变量、常量、标量函数、子查询、运算符等的组合。

流程控制语句是用来控制程序执行和流程分支的语句。

为了便于统计和处理数据，SQL Server 2022 提供了常用系统内置函数。

单元实训

【实训目的】

（1）掌握流程控制语句的用法。

（2）掌握常用函数的用法。

【实训内容】

1. 使用常用的系统内置函数

（1）执行"SELECT 'efg'＋100"，返回结果是什么？

（2）执行如下语句，返回结果是什么？

```
DECLARE @str char(20)
SET @str = '云计算技术'
SELECT SUBSTRING(@str,1,6)
```

2. 使用流程控制语句

用 CASE 语句编程查看某个分数对应的成绩等级，已知成绩等级按分数段分为优秀、良好、中等、及格和不及格。

项目八

学生信息数据库的视图与索引

学习目标

（1）掌握：创建、修改和删除视图的方法，创建、修改和删除索引的方法。

（2）理解：视图和索引的概念。

（3）了解：视图和索引的类型、优缺点。

学习任务

使用视图查询学生信息并修改视图；在表中的某个字段上创建索引并修改索引。

知识学习

8.1 视图

视频讲解

在对数据库进行操作时，提高数据存取的性能和操作速度，使得用户能够快速准确地查询所需的数据，是最值得关注的问题。视图可以提高查询数据的效率。

8.1.1 视图的概念

视图是从一个或者几个表（或者视图）中导出的虚拟表，是从现有表中提取若干子集组成用户的"专用表"，并不表示任何物理数据，对其中所引用的基础表来说，视图的作用类似于筛选。数据库中只存储视图的定义，不存储视图对应的数据，数据仍然存放在原来的表中，用户使用视图时才去查询对应的数据，从视图中查询出来的数据也随着表中数据变化而改变。

8.1.2 视图的优缺点

视图有其优缺点，具体体现在以下方面。

1. 视图的优点

1）数据集中显示

视图着重于用户感兴趣的某些特定数据及所负责的特定任务，这样通过只允许用户看到视图中所定义的数据而不是视图引用表中的数据，从而提高了数据的操作效率。

2）简化数据的操作

在定义视图时,若视图本身是一个复杂查询的结果集,这样在每一次执行相同的查询时,不必重新写这些复杂的查询语句,而可以直接在视图中查询,从而可以大大地简化用户对数据的操作。

3）用户定制数据

视图可以使得不同的用户以不同的方式看到不同或者相同的数据集。

4）合并分割数据

在某些情况下,由于表中数据量过大,在表的设计时常将表进行水平分割或垂直分割,那么表结构的变化会使应用程序产生不良的影响。使用视图可以重新保持原有的结构关系,从而使外模式保持不变,原有的应用程序仍可以通过视图来重载数据。

5）安全机制

通过视图用户只能查看和修改与自己有关的数据,其他数据库或表既不可见也不可以访问。数据库授权命令可以使每个用户对数据库的检索限制到特定的数据库对象上,但不能授权到数据库特定行和特定列上。

6）逻辑数据独立性

视图可帮助用户屏蔽真实表结构变化带来的影响。

2．视图的缺点

视图可以和表一样被查询和更新数据,但在某些情形下,对视图进行操作时,会受到一定的限制。这些视图具有以下特征：视图是由两个以上的表导出的；视图的字段来自字段表达式函数；视图定义中有嵌套查询；视图是在一个不允许更新的视图上定义的。

8.1.3　视图的类型

在 SQL Server 2022 中,视图分为三种类型：标准视图、索引视图和分区视图。

1．标准视图

通常情况下的视图都是标准视图,标准视图组合了一个或多个表中的数据,可以获得使用视图的大多数优点,是一个虚拟表,不占物理存储空间。

2．索引视图

索引视图是被具体化了的视图,它包含经过计算的物理数据。可以为视图创建索引,即对视图创建一个唯一的聚集索引。索引视图可以显著提高聚合多行数据的视图查询性能。

3．分区视图

分区视图在一台或多台服务器间水平连接一组成员表中的分区数据,使得这些数据看起来就像来自同一个表。连接同一个 SQL Server 实例中的成员表的视图是一个本地分区视图。

8.2　索引

视频讲解

在相应表中创建索引,可以提高数据库查询数据的性能。

8.2.1　索引的概念

SQL Server 中的索引类似于书的目录,可以通过目录快速找到对应的内容。索引是一个单独的、物理的数据库结构,它是某个表中一列或若干列的集合和相应的指向表中物理标识这些值的数据页的逻辑指针清单。索引是依赖于表建立的,它提供了在数据库中编排表中数据的内部方法。随着表中数据的增多,搜索就需要很长时间,为提高数据查询效率,数据库引入了索引机制。

8.2.2　索引的优缺点

索引有其优缺点,具体如下。

1. 索引的优点

建立索引有如下优点。

1) 数据记录的唯一性

通过创建唯一索引,可以保证数据记录的唯一性。

2) 提高数据检索速度

在进行查询数据时,数据库会首先搜索索引列,找到要查询的值,然后按照索引中的位置确定表中的行,提高了数据的检索效率。

3) 加快表之间的连接

如果每个表中都有索引列,数据库可以直接搜索各个表的索引列,从而找到所需的数据。

4) 减少查询中分组和排序时间

给表中的列创建索引,在使用 ORDER BY 和 GROUP BY 子句对数据进行检索时,执行速度将提高。

5) 提高系统性能

在检索过程中使用优化隐藏器,可提高系统性能。

2. 索引的缺点

建立索引也有其缺点,具体如下。

(1) 创建索引和维护索引要耗费时间,并且随着数据量的增加所耗费的时间也会增加。

(2) 索引需要占磁盘空间,除了数据表占数据空间之外,每一个索引还要占一定的物理空间,如果有大量的索引,索引文件可能比数据文件更快达到最大文件尺寸。

(3) 当对表中的数据进行增加、删除和修改时,索引也要动态维护,于是降低了数据的维护速度。

8.2.3　索引的类型

在 SQL Server 2022 系统中,索引按照组织方式的不同,分为聚集索引和非聚集索引两种类型。它们的区别是在物理数据的存储方式上。

1. 聚集索引

聚集索引将数据行的键值在表内排序并存储对应的数据记录,使得数据表的物理顺序与索引顺序一致。

可以在表或视图的一列或多列的组合上创建索引,当建立主键约束时,如果表中没有聚集索引,SQL Server 会用主键列作为聚集索引键。一个表中只能包含一个聚集索引。

2. 非聚集索引

非聚集索引完全独立于数据行的结构，其数据存储在一个位置，索引存储在另一个位置，索引带有指针指向数据的存储位置。

非聚集索引不会对表和视图进行物理排序。一个表中最多只能有一个聚集索引，但可以有一个或多个非聚集索引。

由于创建聚集索引时会改变数据记录的物理存放顺序，因此，当要在一个表中创建聚集索引和非聚集索引时，应先创建聚集索引，再创建非聚集索引。

任务实施

8.3　学生信息数据库视图的操作

8.3.1　创建视图

用户必须拥有数据库所有者授予的创建视图的权限才可以创建视图，用户也必须对定义视图时所引用到的表有适当的权限。在 SQL Server 2022 系统中，通常通过 SSMS 和 Transact-SQL 语句两种方式创建视图。

1. 使用 SSMS 创建视图

【例 8.1】　使用 SSMS 创建一个基于 stuinfo 数据库的名为 viewstu 的视图，该视图能够查询选修了 101 课程的学生的学号、姓名和成绩。

操作步骤如下。

（1）打开 SQL Server Management Studio，连接到 SQL Server 上的数据库引擎。

（2）展开服务器中的"数据库"→"stuinfo 数据库"，右击"视图"节点，在弹出的快捷菜单中选择"新建视图"命令，如图 8-1 所示。

（3）弹出"添加表"对话框，如图 8-2 所示，在"表"选项卡中，将 grade 表和 student 表添加为视图的基本表。

图 8-1　选择"新建视图"命令

图 8-2　"添加表"对话框

（4）添加完成后，单击"关闭"按钮，开始设计视图。

（5）在"视图"页面中设计视图，如图 8-3 所示，勾选 student 表中的 sno、sname 字段名前的复选框，勾选 grade 表中的 cno、score 字段名前的复选框，并在"筛选器"中设置 cno＝101。

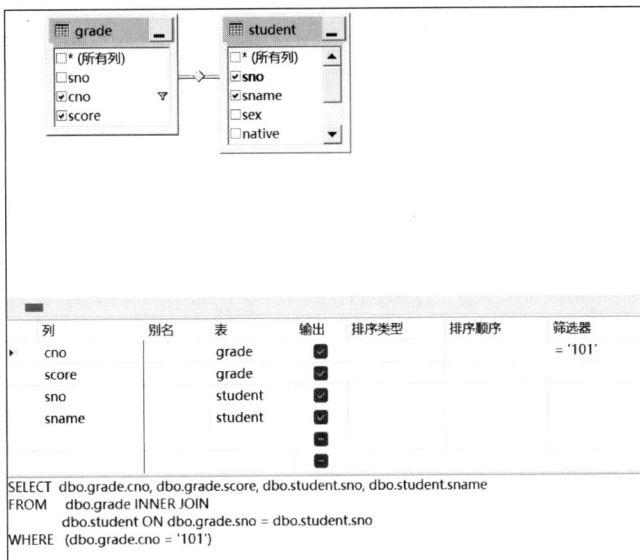

图 8-3　"视图"页面

（6）单击工具栏中的"保存"按钮，弹出"选择名称"对话框，输入视图名称 viewstu，再单击"确定"按钮保存视图。

（7）单击"执行 SQL"按钮，在"显示结果"窗格中显示出查询的结果集，如图 8-4 所示。

图 8-4　"显示结果"窗格

2. 使用 Transact-SQL 语句创建视图

除了使用 SSMS 创建视图外，也可以使用 Transact-SQL 语句创建视图。语法格式如下。

```
CREATE VIEW [schema_name.] view_name
AS select_statement;
```

语法说明如下。

（1）schema_name：视图所属架构的名称。

（2）view_name：视图的名称。

（3）select_statement：定义视图的 SELECT 语句。

【例 8.2】　使用 Transact-SQL 语句创建一个基于 stuinfo 数据库的名为 viewgrade 的视图来查询"张丰"同学的所有成绩。

在查询分析器中输入如下 Transact-SQL 语句并执行：

```
CREATE VIEW viewgrade
AS
    SELECT student.sno, student.sname, grade.score
    FROM student INNER JOIN grade
    ON student.sno = grade.sno
    WHERE student.sname = '张丰';
```

创建视图后，可以使用 SELECT 语句进行查询，语句与执行结果如图 8-5 所示。

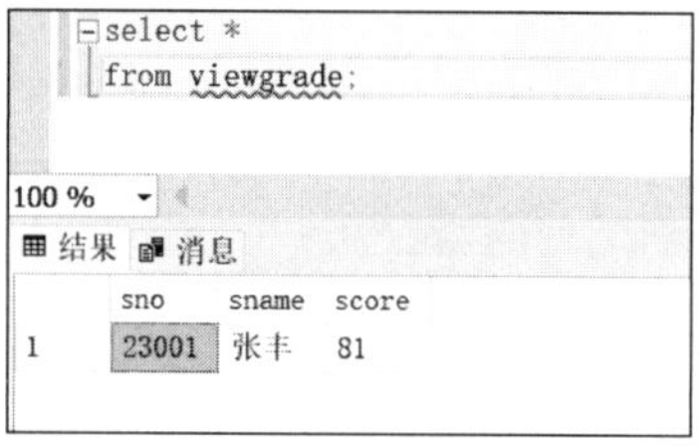

图 8-5　视图查询结果

重要提示：只有在当前数据库中才能创建视图，视图的命名必须遵循标识符命名规则，且不能与表同名；不能把规则、默认值或触发器与视图相关联。

8.3.2　查看视图

视图创建后，可以查看视图的信息，一般通过 SSMS 和系统存储过程查看视图信息。

1. 使用 SSMS 查看视图信息

【例 8.3】　使用 SSMS 查看 viewgrade 视图的信息。

操作步骤如下。

（1）打开 SQL Server Management Studio，连接到 SQL Server 上的数据库引擎。

（2）展开服务器中的"数据库"→"stuinfo 数据库"→"视图"节点。

（3）右击"viewgrade 视图"，在弹出的快捷菜单中选择"设计"命令，打开"视图"页面，如图 8-6 所示。

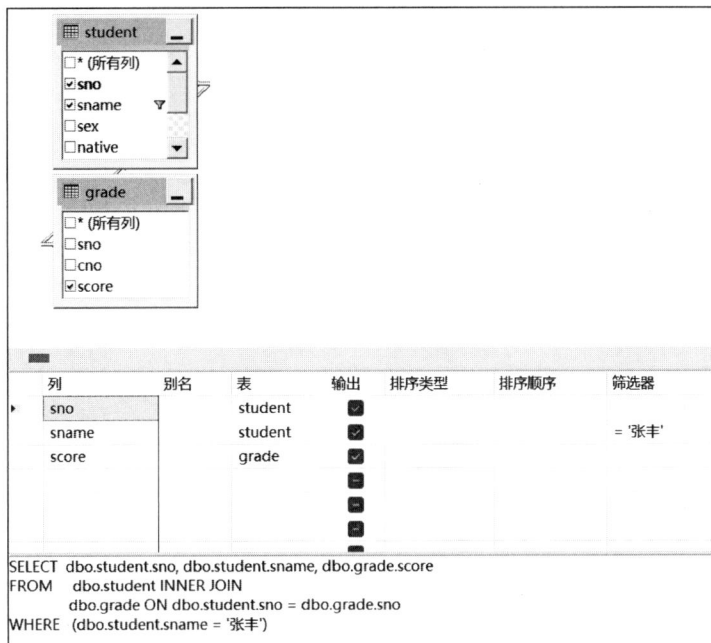

图 8-6　"视图"页面

2. 通过系统存储过程查看视图信息

【例 8.4】　通过系统存储过程查看 viewgrade 视图的定义信息。

在查询分析器中输入如下 Transact-SQL 语句并执行：

```
USE stuinfo
EXEC sp_helptext viewgrade;
```

执行结果如图 8-7 所示。

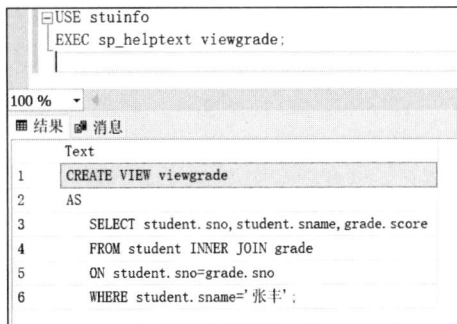

图 8-7　使用系统存储过程查看视图定义信息

【例 8.5】　通过系统存储过程查看 viewgrade 视图的名称、拥有者和创建日期等。

在查询分析器中输入如下 Transact-SQL 语句并执行：

```
USE stuinfo
EXEC sp_help viewgrade;
```

执行结果如图 8-8 所示。

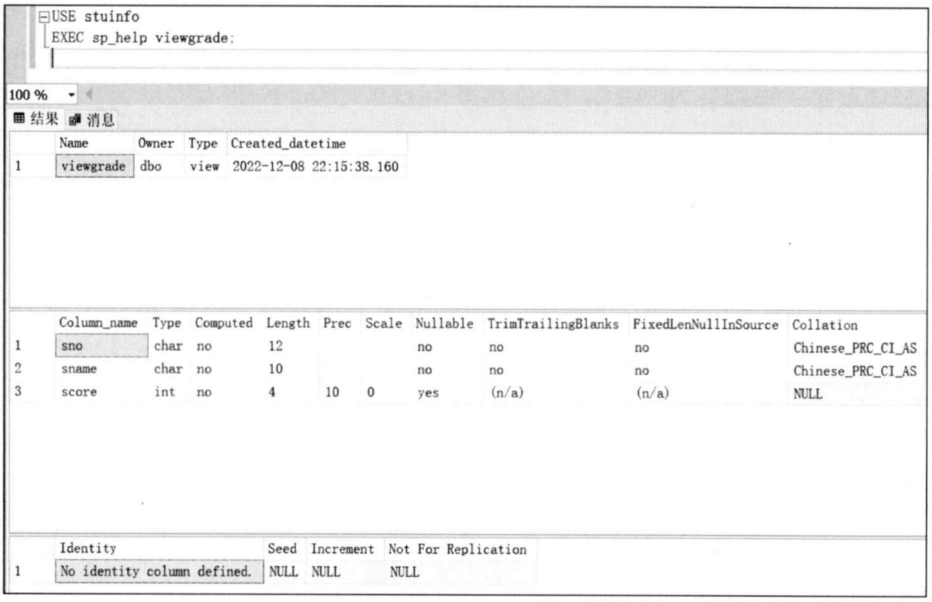

图 8-8　使用系统存储过程查看视图信息

【例 8.6】　通过系统存储过程查看 viewegrade 生成视图的对象和列。

在查询分析器中输入如下 Transact-SQL 语句并执行：

```
USE stuinfo
EXEC sp_depends viewgrade;
```

执行结果如图 8-9 所示。

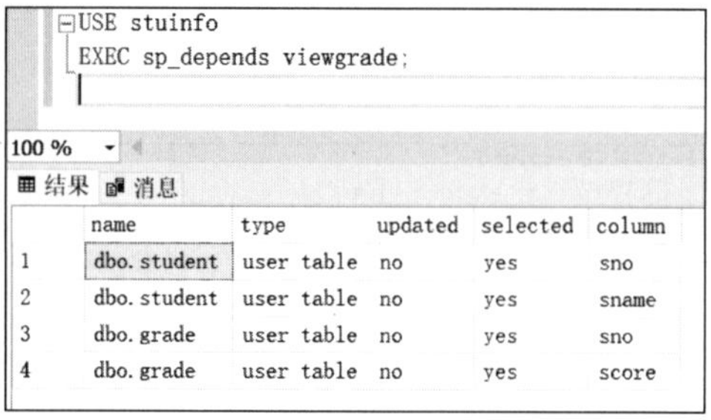

图 8-9　使用系统存储过程查看生成视图的对象和列

8.3.3　重命名视图

在实际使用中，可以对创建好的视图重命名。通过 SSMS 和系统存储过程对视图重命名。

1. 使用 SSMS 重命名视图

【例 8.7】　将 viewgrade 视图重命名为 v_grade。

操作步骤如下。

（1）打开 SQL Server Management Studio，连接到 SQL Server 上的数据库引擎。

（2）展开服务器中的"数据库"→"stuinfo 数据库"→"视图"节点。

（3）右击"viewgrade 视图"，在弹出的快捷菜单中选择"重命名"命令，输入 v_grade 即可。

2．通过系统存储过程重命名视图

【例 8.8】 将例 8.7 中视图的名称还原成 viewgrade。

在查询分析器中输入如下 Transact-SQL 语句并执行：

```
USE stuinfo
EXEC sp_rename 'v_grade','viewgrade';
```

8.3.4　修改和删除视图

修改和删除视图可以通过 SSMS 和 Transact-SQL 语句来完成。

1．使用 SSMS 修改视图

在 SSMS 窗口中右击视图 viewgrade，在弹出的快捷菜单中选择"设计"命令，进入"视图"页面，即可开始修改视图结构，修改完毕后单击工具栏中的"保存"按钮即可。

2．使用 Transact-SQL 语句修改视图

修改视图也可以使用 Transact-SQL 语句来完成，语法格式如下。

```
ALTER VIEW [ schema_name.]view_name
AS select_statement;
```

【例 8.9】 将例 8.2 中创建的 viewgrade 视图修改为包含"马强"同学的学号、姓名、籍贯和成绩。

在查询分析器中输入如下 Transact-SQL 语句并执行：

```
ALTER VIEW viewgrade
AS
  SELECT student.sno,student.sname,student.native,grade.score
  FROM student INNER JOIN grade
  ON student.sno = grade.sno
  WHERE student.sname = '马强';
```

执行结果如图 8-10 所示。

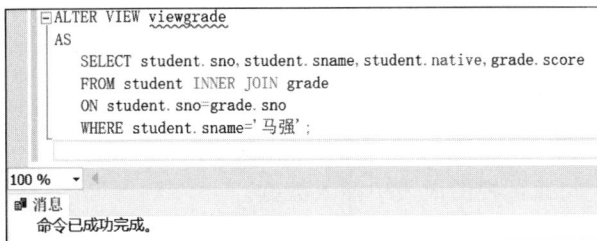

图 8-10　成功修改 viewgrade 视图

3．使用 SSMS 删除视图

【例 8.10】 使用 SSMS 删除 viewgrade 视图。

操作步骤如下。

（1）打开 SQL Server Management Studio，连接到 SQL Server 上的数据库引擎。

（2）展开服务器中的"数据库"→"stuinfo 数据库"→"视图"节点。

（3）右击"viewgrade 视图"，在弹出的快捷菜单中选择"删除"命令即可，如图 8-11 所示。

图 8-11　选择"删除"命令

4. 使用 Transact-SQL 语句删除视图

语法格式如下。

```
DROP VIEW [ schema_name.]view_name[;]
```

语法说明如下。

（1）schema_name：视图所属架构的名称。

（2）view_name：要删除的视图的名称。

【例 8.11】　使用 Transact-SQL 语句删除 viewgrade 视图。

在查询分析器中输入如下 Transact-SQL 语句并执行：

```
DROP VIEW viewgrade;
```

8.3.5　通过视图管理数据

通过视图可以向表中插入、修改和删除数据。

1. 插入数据

使用 INSERT 语句通过视图向表中插入数据。

【例 8.12】　创建一个基于 stuinfo 数据库中的 student 表的 viewstunew 视图，再向该视图中插入一行数据。

在查询分析器中输入如下 Transact-SQL 语句并执行：

```
CREATE VIEW viewstunew
AS
    SELECT sno,sname,sex
    FROM student;
```

再向 viewstunew 视图插入一行数据,在查询分析器中输入如下 Transact-SQL 语句并执行:

```
INSERT INTO viewstunew
values('23113','汪芳','女');
```

执行后,查询 viewstunew 视图中的数据,结果如图 8-12 所示。

2.更新数据

使用 UPDATE 语句可以通过视图修改基本表的数据。

【例 8.13】 将例 8.12 中的 viewstunew 视图中学号为 23004 的学生的性别修改为"男"。

在查询分析器中输入如下 Transact-SQL 语句并执行:

```
UPDATE viewstunew
    SET sex = '男'
    WHERE sno = '23004';
```

执行结果如图 8-13 所示。

图 8-12　查询插入数据后的视图　　　　图 8-13　通过视图更新数据

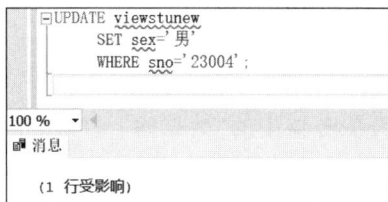

3.删除数据

通过使用 DELETE 语句删除视图中的数据,表中的数据同时也被删除。

【例 8.14】 删除 viewstunew 视图中学号为 23113 的学生信息。

在查询分析器中输入如下 Transact-SQL 语句并执行:

```
DELETE FROM viewstunew
WHERE sno = '23113';
```

执行后,查询 viewstunew 视图中的数据,结果如图 8-14 所示。

说明:通过视图管理数据除了使用 Transact-SQL 语句操作外,还可以使用 SSMS 的方式进行,操作方法与对表中数据的插入、修改和删除的界面操作方法基本相同,这里不再举例。

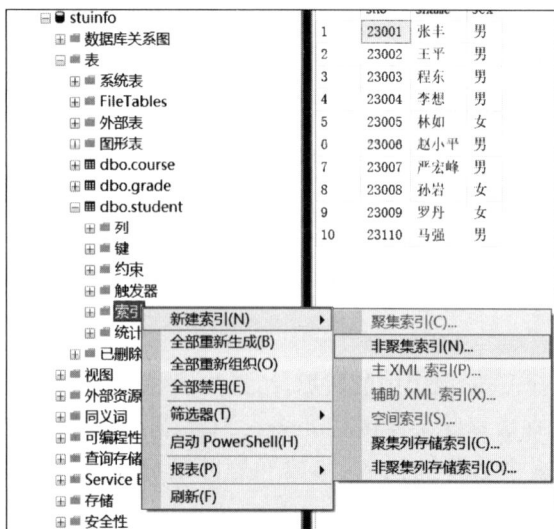

图 8-14　查询删除数据后的视图

8.4　学生信息数据库索引的操作

索引的操作主要包括创建索引、查看索引信息、重命名索引、修改和删除索引。

8.4.1　创建索引

在 SQL Server 2022 系统中，通常通过 SSMS 和 Transact-SQL 语句两种方式创建索引。

1. 使用 SSMS 创建索引

【例 8.15】　使用 SSMS 给 stuinfo 数据库中的 student 表创建基于 sno 列，名为 sno_index 的唯一非聚集索引。

操作步骤如下。

（1）打开 SQL Server Management Studio，连接到 SQL Server 上的数据库引擎。

（2）展开服务器中的"数据库"→"stuinfo 数据库"→"表"→student 节点，右击"索引"节点，在弹出的快捷菜单中选择"新建索引"→"非聚集索引"命令，如图 8-15 所示。

图 8-15　选择"新建索引"→"非聚集索引"命令

（3）弹出"新建索引"对话框，如图 8-16 所示，在"常规"页输入索引名称为 sno_index，勾选"唯一"复选框。

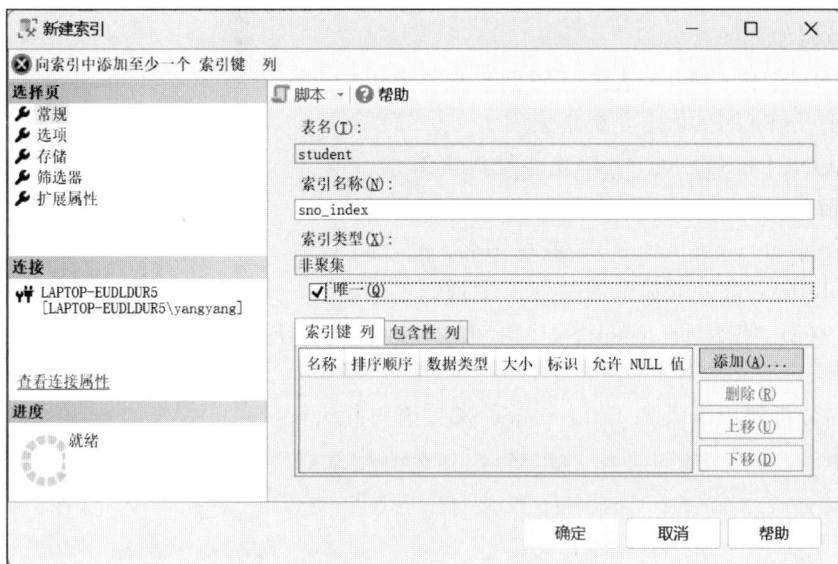

图 8-16 "新建索引"对话框

（4）单击"添加"按钮，打开"从'dbo. student'中选择列"对话框，如图 8-17 所示，勾选 sno 复选框。

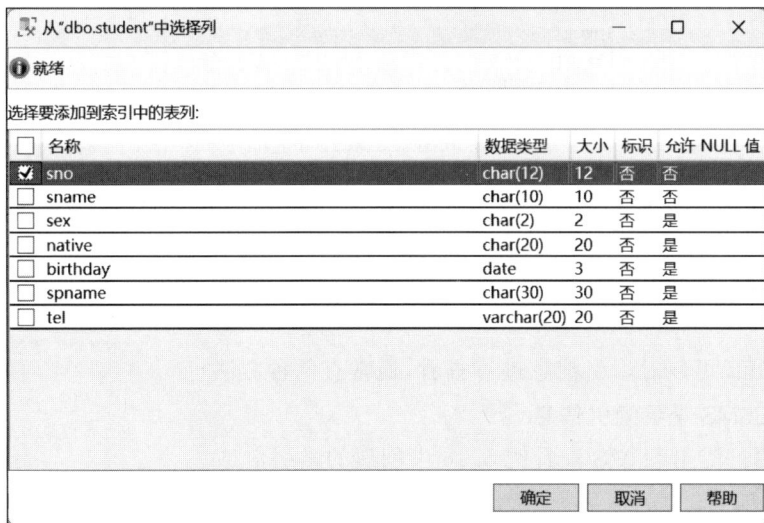

图 8-17 "从'dbo. student'中选择列"对话框

（5）单击"确定"按钮，返回"新建索引"对话框，再单击该对话框中的"确定"按钮，完成索引的创建。

2. 使用 Transact-SQL 语句创建索引

除了使用 SSMS 创建索引外，还可以使用 Transact-SQL 语句创建索引，语法格式如下。

```
CREATE [UNIQUE][CLUSTERED|NONCLUSTERED]INDEX index_name
    ON table_or_view_name(column[,…n]);
```

语法说明如下。

（1）UNIQUE：表示为表或视图创建唯一索引。

（2）CLUSTERED：建立聚集索引。

（3）NONCLUSTERED：建立非聚集索引。

（4）index_name：索引的名称。

（5）table_or_view_name：表或视图名。

（6）column：索引所基于的一列或多列。

【例 8.16】 使用 Transact-SQL 语句为 stuinfo 数据库中的 course 表的 cno 列创建唯一聚集索引 cno_index。

在查询分析器中输入如下 Transact-SQL 语句并执行：

```
USE stuinfo
CREATE UNIQUE CLUSTERED INDEX cno_index
ON course(cno);
```

执行结果如图 8-18 所示。

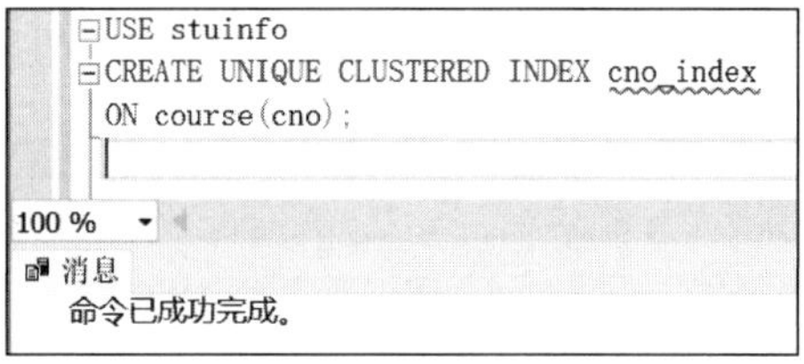

图 8-18　成功创建索引 cno_index

说明：course 表中已定义了 cno 为主键，因此 course 表中已存在一个聚集索引，由于一个表中只能有一个聚集索引，需删除后才能创建索引 cno_index。

8.4.2　查看索引

创建索引后，可以对索引信息进行查看，通常有两种方法。

1. 使用 SSMS 查看索引信息

【例 8.17】 使用 SSMS 查看例 8.16 中创建的索引信息。

操作步骤如下。

（1）打开 SQL Server Management Studio，连接到 SQL Server 上的数据库引擎。

（2）展开服务器中的"数据库"→"stuinfo 数据库"→"表"→dbo. course 表→"索引"节点，右击 cno_index 索引，在弹出的快捷菜单中选择"属性"命令，如图 8-19 所示。

（3）弹出"索引属性-cno_index"对话框，如图 8-20 所示，即可看到该索引的信息。

2. 使用系统存储过程查看索引信息

【例 8.18】 使用系统存储过程 sp_helpindex 查看 stuinfo 数据库中 student 表中的索引信息。

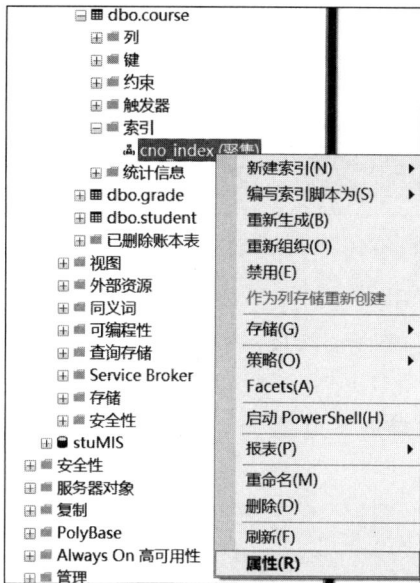

图 8-19　选择"属性"命令

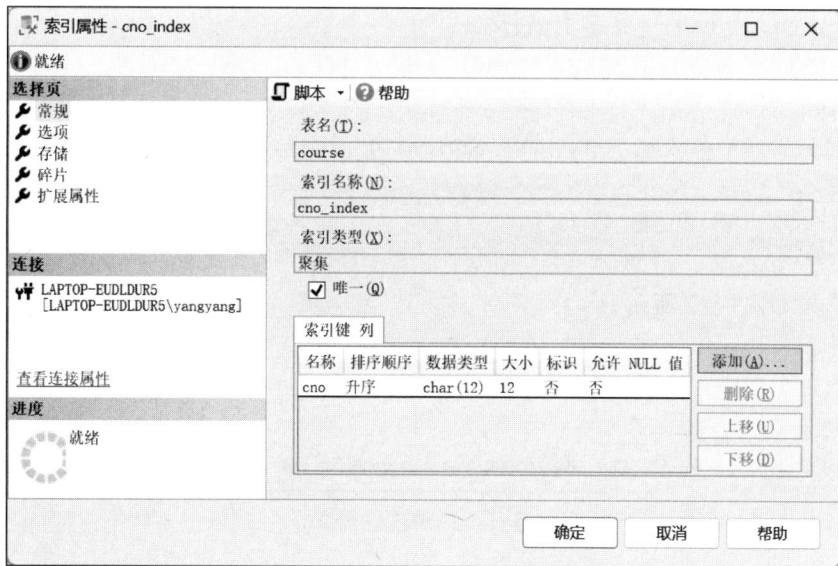

图 8-20　"索引属性-cno_index"对话框

在查询分析器中输入如下 Transact-SQL 语句并执行：

```
USE stuinfo
EXEC sp_helpindex student;
```

执行结果如图 8-21 所示。

8.4.3　重命名索引

可以给创建好的索引重命名，同样也有两种方法。

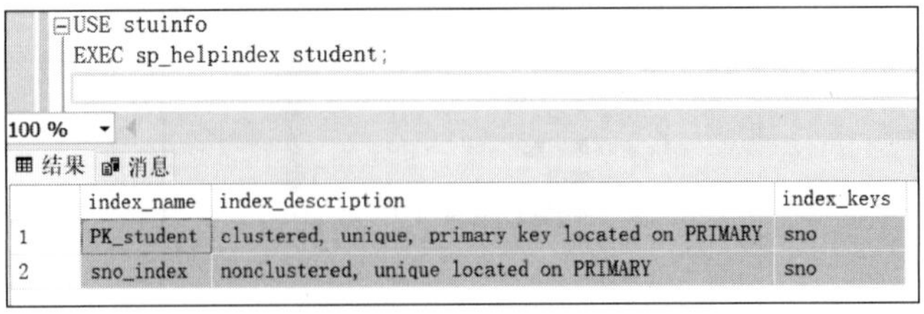

图 8-21　使用系统存储过程查看索引信息

1. 使用 SSMS 重命名索引

右击需要重命名的索引，在弹出的快捷菜单中选择"重命名"命令，然后输入新名称即可。

2. 使用系统存储过程重命名索引

语法格式如下。

```
EXEC sp_name table_name.old_index_name,new_index_name;
```

语法说明如下。

（1）table_name. old_index_name：表中的原索引名称。

（2）new_index_name：新索引名称。

【例 8.19】　使用系统存储过程将 stuinfo 数据库中的 course 表的索引 cno_index 重命名为 cnoindex。

在查询分析器中输入如下 Transact-SQL 语句并执行：

```
USE stuinfo
EXEC sp_rename 'course.cno_index','cnoindex';
```

执行结果如图 8-22 所示。

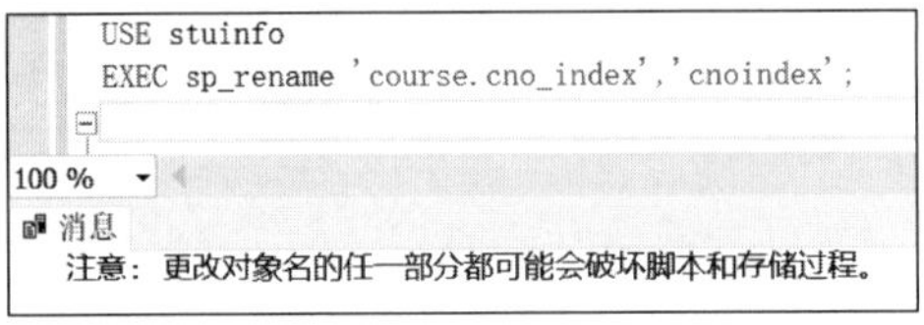

图 8-22　成功重命名索引

8.4.4　修改和删除索引

创建索引之后，用户也可以对索引进行修改和删除。同样也可以使用两种方法：SSMS 和 Transact-SQL 语句。下面主要介绍使用 Transact-SQL 语句修改和删除索引。

1. 修改索引

当数据发生变化时，要重新生成索引、重新组织索引或禁止索引。

重新生成索引表示删除索引并且重新生成，可以删除碎片、回收磁盘空间和重新排序索引。重新生成索引的语法格式如下：

```
ALTER INDEX index_name ON table_or_view_name REBUILD;
```

重新组织索引的语法格式如下：

```
ALTER INDEX index_name ON table_or_view_name REORGANIZE;
```

禁止索引则表示禁止用户访问索引，其语法格式如下。

```
ALTER INDEX index_name ON table_or_view_name DISABLE;
```

语法说明如下。

（1）index_name：表示要修改的索引名称。

（2）table_or_view_name：表示当前索引基于的表名或视图名。

【例 8.20】 重建 stuinfo 数据库中的 course 表中所有索引。

在查询分析器中输入如下 Transact-SQL 语句并执行：

```
USE stuinfo
ALTER INDEX ALL ON course REBUILD;
```

2. 删除索引

使用 Transact-SQL 语句删除索引的语法格式如下。

```
DROP INDEX index_name;
```

语法说明如下。

index_name：指定要删除的索引名。

【例 8.21】 使用 Transact-SQL 语句删除 stuinfo 数据库中 course 表中的 cnoindex 索引。

在查询分析器中输入如下 Transact-SQL 语句并执行：

```
USE stuinfo
DROP INDEX course.cnoindex;
```

重要提示：DROP INDEX 语句不能删除通过 PRIMARY KEY 或 UNIQUE 约束创建的索引。要删除这些索引必须先删除约束。在删除聚集索引时，表中的所有非聚集索引都将被重建。在系统表的索引上不能进行 DROP INDEX 操作。

单元小结

本项目介绍了视图和索引的概念、类型和优缺点，以及视图和索引的创建、修改和删除等。

视图是从一个或者几个表（或者视图）中导出的虚拟表，是从现有表中提取若干子集组成的用户的"专用表"，并不表示任何物理数据。在 SQL Server 2022 系统中，通常通过 SSMS 和 Transact-SQL 语句两种方式创建、查看和修改视图。

SQL Server 中的索引类似于书的目录，可以通过目录快速找到对应的内容。索引是一个单独的、物理的数据库结构，它是某个表中一列或若干列的集合和相应的指向表中物理标识这些值的数据页的逻辑指针清单。通常通过 SSMS 和 Transact-SQL 语句两种方式创建、查看和修改索引。

单元实训

【实训目的】

掌握使用 SSMS 和 Transact-SQL 语句两种方法来创建、查看、修改、删除视图和索引。

【实训内容】

（1）使用 SSMS 对 books_sale 数据库中的 press 表的 press_id 列创建一个唯一聚集索引 pressid_index。

（2）使用 Transact-SQL 语句对 books_sale 数据库中的 suppliers 表的 supplier_city 列创建不唯一非聚集索引 suppliercity_index。

（3）使用 Transact-SQL 语句将第（2）题中创建的 suppliercity_index 索引重命名为 suppliercityindex。

（4）使用 SSMS 删除第（1）题中创建的索引 pressid_index。

（5）使用 Transact-SQL 语句删除第（3）题中的索引 suppliercityindex。

（6）使用 SSMS 在 books_sale 数据库中的 press 表中创建一个 press_view 视图，视图中包含 press 表中的所有信息。

（7）使用 Transact-SQL 语句在 books_sale 数据库中的 suppliers 表中创建一个 suppliers_view 视图，视图包含 supplier_id、supplier_name 信息。

（8）在第 7 题创建的 suppliers_view 视图中用 Transact-SQL 语句插入、更新和删除一条数据，数据自定义。

（9）使用 Transact-SQL 语句删除第（6）题中创建的 press_view 视图。

（10）使用 SSMS 删除第（7）题中创建的 suppliers_view 视图。

项目九

学生信息数据库的存储过程与触发器

学习目标

（1）掌握：创建和执行存储过程的方法，管理存储过程；创建和启用触发器的方法，管理触发器。

（2）理解：存储过程和触发器的概念。

（3）了解：存储过程和触发器的类型。

学习任务

查询学生各种信息，比如：

（1）查询某系有几个班级。

（2）查询某个班级学生的信息。

（3）输入学号，输出该学生所在班级。

（4）当有学生退学，能够自动更新有关表中的人数值。

（5）不允许用户对 grade 表进行修改、删除。

知识学习

9.1 存储过程概述

视频讲解

存储过程是数据库对象之一，是数据库的子程序，在客户端和服务器端可以直接调用它。存储过程使得数据库的管理和应用更加方便灵活。

9.1.1 存储过程的概念

存储过程是存放在数据库服务器中的一组预编译过的 Transact-SQL 语句组成的模块，它能够向用户返回数据、向数据库表中插入和修改数据，还可以执行系统函数和管理操作。使用存储过程可以提高 SQL 语言的功能和灵活性，可以完成复杂的判断和运算，能够提高数据库的访问速度。

9.1.2 存储过程的类型

在 SQL Server 2022 中，可以使用的存储过程类型分为用户定义的存储过程、扩展存储过程和系统存储过程三种。

1. 用户定义的存储过程

用户定义的存储过程是用户自行创建并存储在用户数据库中的存储过程,它封装了可重用代码的模块或例程,可以接收输入参数,向客户端返回表格或标量结果和消息、调用数据操纵语言 DML 和数据定义语言 DDL,然后返回输出参数。

2. 扩展存储过程

扩展存储过程是用户使用外部程序语言编写的外部例程,其名称以 xp_为前缀,扩展存储过程是以动态链接库的形式存在的,在使用和执行上与一般存储过程相同。

3. 系统存储过程

系统存储过程是由 SQL Server 系统提供的存储过程,可以用来实现 SQL Server 2022 中的许多管理活动,作为命令执行。系统存储过程定义在系统数据库 master 中,其名称以 sp_为前缀。

9.2　触发器概述

触发器是一种特殊的存储过程,是被指定关联到一个表的数据对象,在满足某种特定条件时,触发器被激活并自动执行,完成各种复杂的任务。触发器通常用于对表实现完整性约束。

9.2.1　触发器的概念

触发器是一类由事件驱动的特殊过程,是建立在触发事件上的,用户对该触发器指定的数据执行插入、删除或修改操作时,SQL Server 会自动执行建立在这些操作上的触发器。触发器的主要功能是实现由主键和外键所不能保证的复杂的参照完整性和数据的一致性。

9.2.2　触发器的类型

在 SQL Server 2022 中,按照触发事件的不同可以将触发器分为 DML 触发器和 DDL 触发器。

1. DML 触发器

当数据库中发生数据操纵语言(DML)事件时将调用 DML 触发器。DML 事件包括在指定表或视图中执行 INSERT、UPDATE 或 DELETE 操作,因此 DML 触发器根据事件类型分为 INSERT、UPDATE 和 DELETE 三种类型;根据触发器和触发事件的操作时间分为 AFTER 和 INSTEAD OF 两种类型。

2. DDL 触发器

当数据库中发生数据定义语言(DDL)事件时将调用 DDL 触发器。DDL 事件包括 CREATE、ALTER、DROP、GRANT、DENY 和 REVOKE 语句操作。DDL 触发器的主要作用是执行管理操作,限制数据库中未经许可的更新和变化。

任务实施

9.3 使用存储过程维护学生信息数据库的基本信息

在完成本项目任务前,请将样本数据库 stuinfo 附加至 SQL Server 2022 中。

9.3.1 创建存储过程

1. 使用 SSMS 创建存储过程

(1) 打开 SQL Server Management Studio,连接到 SQL Server 上的数据库引擎。

(2) 展开服务器中的"数据库",如展开"stuinfo 数据库"→"可编程性"节点,右击"存储过程",在弹出的快捷菜单中选择"新建→存储过程"命令,打开一个模板。

(3) 根据需要修改模板中的语句即可。

2. 使用 Transact-SQL 语句创建存储过程

使用 Transact-SQL 语句创建存储过程的语法格式如下。

```
CREATE PROCEDURE procedure_name
[WITH ENCRYPTION]
[WITH RECOMPILE]
AS
Sql_statement;
```

语法说明如下。

(1) WITH ENCRYPTION:对存储过程进行加密。

(2) WITH RECOMPILE:对存储过程重新编译。

【例 9.1】 使用 Transact-SQL 语句在 stuinfo 数据库中创建一个名为 procstu 的存储过程。该存储过程返回 student 表中学生籍贯为"南京"的记录。

在查询分析器中输入如下 Transact-SQL 语句并执行:

```
CREATE PROCEDURE procstu
AS
SELECT *
FROM student
WHERE native = '南京';
```

【例 9.2】 使用 Transact-SQL 语句在 stuinfo 数据库中创建一个名为 procgrade 的存储过程。该存储过程返回 23002 学生的成绩情况。

在查询分析器中输入如下 Transact-SQL 语句并执行:

```
CREATE PROCEDURE procgrade
AS
SELECT *
FROM grade
WHERE sno = '23002';
```

9.3.2 执行存储过程

存储过程创建成功后,用户需要执行存储过程来检查存储过程的返回结果。

1. 使用 SSMS 执行存储过程

【例 9.3】 使用 SSMS 执行例 9.1 中创建的存储过程 procstu。

操作步骤如下。

(1) 打开 SQL Server Management Studio,连接到 SQL Server 上的数据库引擎。

(2) 展开服务器中的"数据库"→"stuinfo 数据库"→"可编程性"→"存储过程"节点,右击"dbo. procstu 存储过程",在弹出的快捷菜单中选择"执行存储过程"命令,如图 9-1 所示。

图 9-1 选择"执行存储过程"命令

(3) 弹出"执行过程"对话框,单击"确定"按钮即可。

(4) 在 SSMS 窗口中打开一个新的查询窗口,如图 9-2 所示,显示执行的 Transact-SQL 语句,并显示运行结果。

2. 使用 Transact-SQL 语句执行存储过程

执行存储过程的 Transact-SQL 语句的语法格式如下。

```
EXEC procedure_name;
```

【例 9.4】 使用 Transact-SQL 语句执行例 9.2 中创建的存储过程 procgrade。

在查询分析器中输入如下 Transact-SQL 语句并执行:

```
USE stuinfo
EXEC procgrade;
```

执行结果如图 9-3 所示。

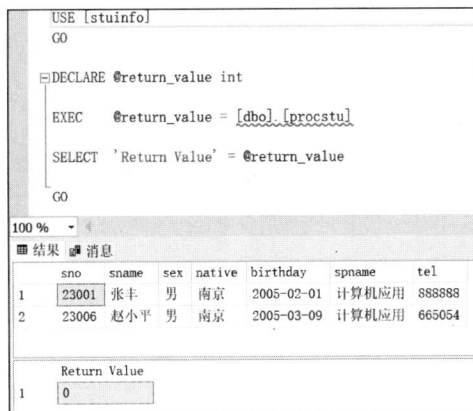

图 9-2　新的查询窗口

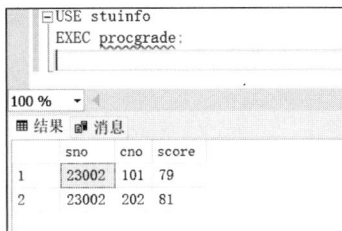

图 9-3　执行存储过程

9.3.3　查看存储过程

1. 使用 SSMS 查看存储过程

（1）打开 SQL Server Management Studio，连接到 SQL Server 上的数据库引擎。

（2）展开服务器中的"数据库"，如展开"stuinfo 数据库"→"可编程性"→"存储过程"节点，右击"dbo. procstu 存储过程"，在弹出的快捷菜单中选择"属性"命令。

（3）弹出"存储过程属性-procstu"对话框，即可查看存储过程。

2. 使用 Transact-SQL 语句查看存储过程

使用 Transact-SQL 语句查看存储过程，需要使用系统存储过程。如 sp_helptext 查看存储过程的定义，sp_help 查看有关存储过程的信息，sp_depends 查看存储过程的依赖关系。读者可自行练习。

9.3.4　修改存储过程

1. 使用 SSMS 修改存储过程

（1）打开 SQL Server Management Studio，连接到 SQL Server 上的数据库引擎。

（2）展开服务器中的"数据库"，如展开"stuinfo 数据库"→"可编程性"→"存储过程"节点，右击要修改的存储过程，在弹出的快捷菜单中选择"修改"命令，如图 9-4 所示。

图 9-4　选择"修改"命令

（3）打开修改存储过程的窗口，直接进行修改，修改完毕保存即可。

2．使用 Transact-SQL 语句修改存储过程

语法格式如下。

```
ALTER PROCEDURE procedure_name
[WITH ENCRYPTION]
[WITH RECOMPILE]
AS
Sql_statement;
```

【**例 9.5**】 修改 procstu 存储过程，显示籍贯为"南京"的学生 sno、sex、native 三个字段。

在查询分析器中输入如下 Transact-SQL 语句并执行：

```
ALTER PROCEDURE procstu
AS
SELECT sno,sex,native
FROM student
WHERE native = '南京';
```

9.3.5 删除存储过程

1．使用 SSMS 删除存储过程

【**例 9.6**】 使用 SSMS 删除 procstu 存储过程。

操作步骤如下。

（1）打开 SQL Server Management Studio，连接到 SQL Server 上的数据库引擎。

（2）展开服务器中的"数据库"→"stuinfo 数据库"→"可编程性"→"存储过程"节点，右击"dbo．procstu 存储过程"，在弹出的快捷菜单中选择"删除"命令。

（3）弹出"删除对象"对话框，单击"确定"按钮即可。

2．使用 Transact-SQL 语句删除存储过程

删除存储过程是通过 DROP PROCEDURE 语句完成的。

【**例 9.7**】 使用 Transact-SQL 语句删除 procgrade 存储过程。

在查询分析器中输入如下 Transact-SQL 语句并执行：

```
DROP PROCEDURE procgrade;
```

9.4 创建参数化存储过程

存储过程可以不带参数，也可以带参数，参数可以是输入参数，也可以是输出参数。通过参数向存储过程输入和输出信息来扩展存储过程的功能。

9.4.1 创建和执行带输入参数的存储过程

通过定义输入参数，可以在存储过程中设置一个条件，在执行该存储过程时为这个条件指定值,然后在存储过程中返回相应的信息。

1. 创建带输入参数的存储过程

定义接受输入参数的存储过程时,需要声明一个或多个变量作为参数。语法格式如下。

```
CREATE PROCEDURE procedure_name
@parameter_name datatype = [default]
AS
Sql_statement;
```

语法说明如下。

(1) @parameter_name:存储过程的参数名。

(2) datatype:参数的数据类型。

(3) default:参数的默认值。当执行存储过程时未提供该参数的变量值,则使用 default 值。

【例 9.8】　使用 Transact-SQL 语句在 stuinfo 数据库中创建一个名为 procstudent 的存储过程。该存储过程能够根据给定的学生的籍贯(native)显示相应的 student 表中的记录。

在查询分析器中输入如下 Transact-SQL 语句并执行:

```
CREATE PROCEDURE procstudent
@native char(20)
AS
SELECT *
FROM student
WHERE native = @native;
```

说明:存储过程中允许有一个或多个输入参数,多个输入参数之间需要使用逗号隔开。

2. 执行带输入参数的存储过程

在执行带输入参数的存储过程时,要为输入参数赋值,语法格式如下。

```
EXEC procedure_name @parameter_name = value;
```

【例 9.9】　用为输入参数赋值的方法执行例 9.8 中创建的存储过程,查询籍贯是“南通”的学生记录。

在查询分析器中输入如下 Transact-SQL 语句并执行:

```
EXEC procstudent @native = '南通';
```

执行结果如图 9-5 所示。

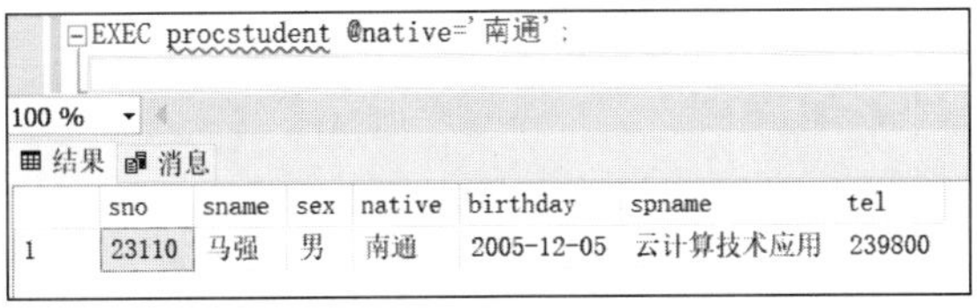

图 9-5　执行带输入参数的存储过程

9.4.2   创建和执行带输出参数的存储过程

用户若想获取存储过程中检索出来的字段信息，则可以在存储过程中声明输出参数。

1. 创建带输出参数的存储过程

通过定义输出参数，可以从存储过程中返回一个或多个值。语法格式如下。

```
CREATE PROCEDURE procedure_name
@parameter_name datatype = [default] OUTPUT
AS
Sql_statement;
```

【例 9.10】　创建存储过程 procstunum，要求根据用户给定的学生籍贯（native），统计来自于该籍贯的学生数量，并将数量以输出变量的形式返回给用户。

在查询分析器中输入如下 Transact-SQL 语句并执行：

```
CREATE PROCEDURE procstunum
@native char(20),
@studentnum int OUTPUT
AS
SET @studentnum =
(SELECT COUNT( * )
 FROM student
 WHERE native = @native
);
PRINT @studentnum
```

2. 执行带输出参数的存储过程

【例 9.11】　执行例 9.10 中创建的存储过程 procstunum。

在查询分析器中输入如下 Transact-SQL 语句并执行：

```
USE stuinfo
DECLARE @native char(20),@studentnum int
SET @native = '南京'
EXEC procstunum @native,@studentnum;
```

执行结果如图 9-6 所示。

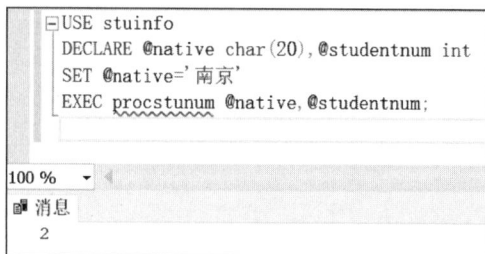

图 9-6　执行带输出参数的存储过程

9.5　使用触发器维护学生信息数据库的业务逻辑

9.5.1　创建 DML 触发器和 DDL 触发器

1. 通过 SSMS 创建触发器

通过 SSMS 只能创建 DML 触发器。

（1）打开 SQL Server Management Studio，连接到 SQL Server 上的数据库引擎。

（2）展开服务器中的"数据库"，展开相应的数据库→"表"→相应的表，右击"触发器"节点，在弹出的快捷菜单中选择"新建触发器"命令。

（3）在打开的"触发器脚本编辑"窗口中输入相应的创建触发器的命令，单击"执行"按钮。

2. 通过 Transact-SQL 语句创建触发器

1）创建 DML 触发器

创建 DML 触发器的语法格式如下。

```
CREATE TRIGGER trigger_name
ON{table|view}
[WITH ENCRYPTION]
{FOR|AFTER|INSTEAD OF}{[INSERT][,][UPDATE][,][DELETE]}
[NOT FOR REPLICATION]
AS{sql_statement[;][,…n]}
```

语法说明如下。

（1）trigger_name：指定触发器的名称。

（2）table|view：指定被定义触发器的表或视图。

（3）WITH ENCRYPTION：对触发器的定义文本信息进行加密。

（4）FOR|AFTER|INSTEAD OF：指定要创建的触发器类型。

（5）[INSERT][,][UPDATE][,][DELETE]：指定在表或视图上执行哪些数据操纵语句时将激活触发器的关键字。

（6）NOT FOR REPLICATION：表示当复制进程更改触发器所涉及的表时不应执行该触发器。

（7）sql_statement：触发条件和操纵语句。

【例 9.12】　对 stuinfo 数据库中的 grade 表创建 INSERT 触发器 trigger_addgrade，用于检查添加的学生成绩是否填写规范，如果不符合规范，则拒绝添加。

在查询分析器中输入如下 Transact-SQL 语句并执行：

视频讲解

```
CREATE TRIGGER trigger_addgrade
ON grade
AFTER INSERT
AS
    IF(SELECT score FROM inserted) NOT BETWEEN 0 AND 100
```

```
BEGIN
    PRINT '成绩不符合规范,请核查!'
    ROLLBACK TRANSACTION
END
```

重要提示：ROLLBACK TRANSACTION 语句是进行事务回滚,当成绩不符合规范时,拒绝向 grade 表中添加信息。

trigger_addgrade 触发器创建后,执行以下语句：

```
INSERT INTO grade VALUES
('23112','102',108);
```

执行结果如图 9-7 所示。

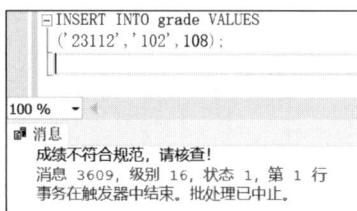

图 9-7　使用 INSERT 触发器执行结果 1

执行以下语句：

```
INSERT INTO grade VALUES
('23112','102',85);
```

执行结果如图 9-8 所示。

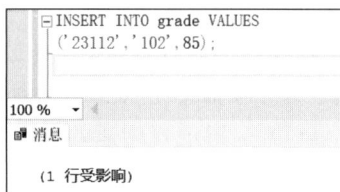

图 9-8　使用 INSERT 触发器执行结果 2

【例 9.13】　对 stuinfo 数据库中的 grade 表创建 DELETE 触发器 trigger_deletegrade,当某位学生信息被删除时,显示他的相关信息。

在查询分析器中输入如下 Transact-SQL 语句并执行：

```
CREATE TRIGGER trigger_deletegrade
ON grade
AFTER DELETE
AS
    SELECT sno,cno,score FROM deleted
```

trigger_deletegrade 触发器创建后,执行以下语句：

```
DELETE FROM grade WHERE sno = '23002';
```

执行结果如图 9-9 所示。

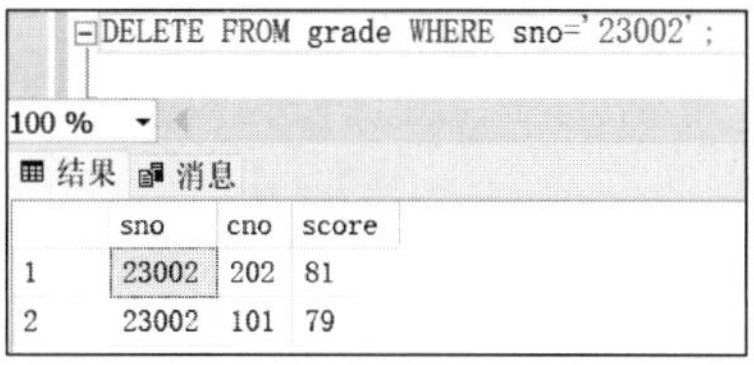

图 9-9 使用 DELETE 触发器

【例 9.14】 对 stuinfo 数据库中的 student 表创建 UPDATE 触发器 trigger_updatestudent，当修改 student 表中的学生姓名时将触发该触发器。

在查询分析器中输入如下 Transact-SQL 语句并执行：

```
CREATE TRIGGER trigger_updatestudent
ON student
FOR UPDATE
AS
IF UPDATE(sname)
 BEGIN
  PRINT '该事务不能被处理,学生姓名无法修改!'
  ROLLBACK TRANSACTION
 END
```

trigger_updatestudent 触发器创建后,执行以下语句:

```
UPDATE student SET sname = '杨晓明'
WHERE sno = '23003';
```

执行结果如图 9-10 所示。

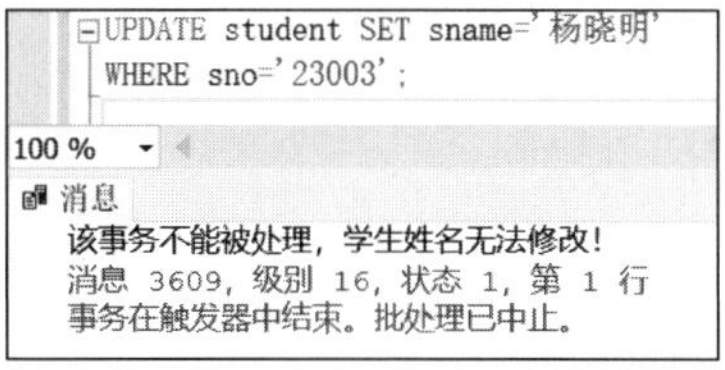

图 9-10 使用 UPDATE 触发器

2）创建 DDL 触发器

创建 DDL 触发器的语法格式如下。

```
CREATE TRIGGER trigger_name
ON{ALL SERVER|DATABASE}
[WITH ENCRYPTION]
{{FOR|AFTER|{event_type}}
AS sql_statement}
```

语法说明如下。

（1）ALL SERVER：表示 DDL 触发器的作用域是整个服务器。

（2）DATABASE：表示 DDL 触发器的作用域是整个数据库。

（3）event_type：指定触发 DDL 触发器的事件名称。

【例9.15】 创建一个 DDL 触发器用于保护 stuinfo 数据库中的表，以防止删除或修改。

在查询分析器中输入如下 Transact-SQL 语句并执行：

```
CREATE TRIGGER trigger_protecttable
ON DATABASE
FOR DROP_TABLE,ALTER_TABLE
AS
  BEGIN
    PRINT '无法对本数据库中的表进行删除或修改！'
    ROLLBACK TRANSACTION
  END
```

trigger_protecttable 触发器创建后，执行以下语句：

```
USE stuinfo
DROP TABLE grade;
```

执行结果如图 9-11 所示。

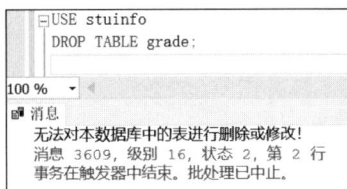

图 9-11　使用 DDL 触发器

9.5.2　启用/禁用触发器

1. 禁用触发器
禁用触发器的语法格式如下。

```
DISABLE TRIGGER trigger_name ON table_name[;]
```

【例9.16】 禁用 DML 触发器 trigger_addgrade。
在查询分析器中输入如下 Transact-SQL 语句并执行：

```
DISABLE TRIGGER trigger_addgrade ON grade;
```

2. 启用触发器
启用触发器的语法格式如下。

```
ENABLE TRIGGER trigger_name ON table_name[;]
```

【例9.17】 启用 DML 触发器 trigger_addgrade。
在查询分析器中输入如下 Transact-SQL 语句并执行：

```
ENABLE TRIGGER trigger_addgrade ON grade;
```

说明：启用/禁用触发器也可通过 SSMS 实现，例如，禁用触发器可以选择"禁用"命令，如图 9-12 所示，这里不再举例说明。

图 9-12　选择"禁用"命令

9.5.3　修改触发器

1. 使用 SSMS 修改触发器

（1）打开 SQL Server Management Studio，连接到 SQL Server 上的数据库引擎。

（2）展开服务器中的"数据库"→相应的数据库→"表"→相应的表→"触发器"节点，右击相应的触发器，在弹出的快捷菜单中选择"修改"命令。

（3）打开"触发器脚本编辑"窗口，即可进行修改，修改完毕，单击"执行"按钮即可。

重要提示：被设置成 WITH ENCRYPTION 的触发器是不能被修改的。

2. 使用 Transact-SQL 语句修改触发器

ALTER TRIGGER 语句其他语法与 CREATE TRIGGER 语句类似，这里不再重复说明。

9.5.4　删除触发器

1. 使用 SSMS 删除触发器

1）删除 DML 触发器

选择要删除的触发器，右击，在弹出的快捷菜单中选择"删除"命令，在弹出的"删除对象"窗口中单击"确定"按钮，完成删除触发器的操作。

2）删除 DDL 触发器

选择要删除的触发器，右击，选择"删除"命令即可。

2. 使用 Transact-SQL 语句删除触发器

对于 DML 触发器和 DDL 触发器，进行删除时，其语法格式是不同的。

1）删除 DML 触发器

语法格式如下。

```
DROP TRIGGER trigger_name[;]
```

【例9.18】 删除 DML 触发器 trigger_addgrade。

在查询分析器中输入如下 Transact-SQL 语句并执行：

```
DROP TRIGGER trigger_addgrade;
```

2）删除 DDL 触发器

语法格式如下。

```
DROP TRIGGER trigger_name ON{DATABASE|ALL SERVER}[;]
```

在创建或修改触发器时如指定了 DATABASE，则删除时也必须指定 DATABASE；ALL SERVER 也是如此。

【例9.19】 删除 DDL 触发器 trigger_protecttable。

在查询分析器中输入如下 Transact-SQL 语句并执行：

```
DROP TRIGGER trigger_protecttable ON DATABASE;
```

单元小结

本项目主要介绍了存储过程与触发器。

存储过程是存放在数据库服务器中的一组预编译过的 Transact-SQL 语句组成的模块，它能够向用户返回数据、向数据库表中插入和修改数据，还可以执行系统函数和管理操作。在 SQL Server 2022 中，可以使用的存储过程类型分为用户定义的存储过程、扩展存储过程和系统存储过程三种。简单存储过程的操作主要包括创建、执行、查看、修改和删除存储过程。

触发器是一种特殊的存储过程，是被指定关联到一个表的数据对象，在满足某种特定条件时，触发器被激活并自动执行，完成各种复杂的任务。在 SQL Server 2022 中，按照触发事件的不同可以将触发器分为 DML 触发器和 DDL 触发器。触发器的操作包括创建、启用/禁用、查看、修改和删除触发器。

单元实训

【实训目的】

（1）掌握存储过程和触发器的基本知识。

（2）掌握用 Transact-SQL 语句和 SSMS 方法操作存储过程和触发器。

【实训内容】

建议：以下查询均在样本数据库 stuinfo 中进行。

（1）使用 Transact-SQL 语句在 stuinfo 数据库中创建一个名为 pr_student 的存储过程，要求该存储过程返回 student 表中性别为"女"的学生信息。

（2）使用 Transact-SQL 语句执行第 1 题中创建的 pr_student 存储过程。

（3）使用 Transact-SQL 语句在 stuinfo 数据库中创建一个名为 pr_grade 的存储过程，要求该存储过程返回 grade 表中学号为 23009 的学生的课程成绩。

（4）使用 SSMS 删除存储过程 pr_student。

（5）使用 Transact-SQL 语句删除存储过程 pr_grade。

（6）在 stuinfo 数据库中的 student 表上创建一个触发器 tr_student，当执行 INSERT 操作时，显示一条"数据插入成功"的消息。

（7）在 stuinfo 数据库中的 student 表上创建一个触发器 tr_studentnew，该触发器将被 UPDATE 操作激活，不允许用户修改表中的 sname 列。

项目十

学生信息数据库的维护与管理

学习目标

（1）掌握：创建和删除备份设备的方法，备份数据和还原数据的方法，数据的导出和导入。

（2）理解：各种类型的备份。

学习任务

原服务器上的数据库需要转移到新服务器上，需要将数据库进行备份，并转移到新服务器上，然后还原数据库。

知识学习

10.1　备份概述

视频讲解

虽然数据库管理系统中采取了各种措施来保证数据库的安全性和完整性，但在实际应用中，可能由于软件错误、病毒、用户操作失误、硬件故障或自然灾害等，造成运行事务的异常中断，破坏了数据的正确性，甚至导致全部业务瘫痪。为防止这种情况的发生，数据备份成了数据的保护手段，确保数据的正确性和完整性，数据备份是非常必要的。

SQL Server 备份为保护存储在 SQL Server 数据库中的关键数据提供了基本安全保障。为了最大限度地降低灾难性数据丢失的风险，需要定期备份数据库以保存对数据所做的修改。

10.1.1　备份的概念

备份就是制作数据库结构、对象和数据的副本，存储在备份设备上，如磁盘或磁带，当数据库发生错误时，用户可以利用备份将数据库恢复。

10.1.2　备份的类型

数据库的备份有四种类型。

1. 完整备份

该备份类型是指备份整个数据库，包含特定数据库或者一组特定的文件组或文件中的所有数据以及可以恢复这些数据的足够的日志。完整备份是在某一时间点对数据库进行备份,以这个时间点作为恢复数据库的基点。它是数据库的完整副本,所以备份时间也较长,所占存储空间也较大。

2. 差异备份

差异备份是完整备份的补充,只备份上次完整备份以来变化的数据。差异备份比完整备份工作量小而且备份速度快。只有当已经执行了完整备份后才能执行差异备份。

3. 事务日志备份

事务日志备份仅备份日志记录。事务日志备份比完整备份节省时间和空间,而且在还原时,可以指定还原到某一个事务。备份事务日志可以记录数据库的更改,如果没有执行事务日志备份,则数据库可能无法正常工作。SQL Server 2022 系统中,事务日志备份有 3 种类型:纯日志备份、大容量操作日志备份和尾日志备份。具体情况如表 10-1 所示。

表 10-1 事务日志备份类型

日志备份类型	描 述
纯日志备份	仅包含一定间隔的事务日志记录,而不包含在大容量日志恢复模式下执行的任何大容量更改的备份
大容量操作日志备份	包含日志记录以及由大容量操作更改的数据页的备份。不允许对大容量操作日志备份进行时间点恢复
尾日志备份	对可能已损坏的数据库进行的日志备份,用于捕获尚未备份的日志记录。尾日志备份在出现故障时进行,用于防止丢失工作数据,可以包含纯日志记录或大容量操作日志记录

4. 文件和文件组备份

文件和文件组备份只备份特定的数据库文件或文件组。使用文件和文件组备份可以使用户仅还原已损坏的文件或文件组即可。当数据库非常大时,可以进行数据库文件或文件组的备份。

10.2 还原概述

还原是备份相对应的操作,数据备份后,当系统崩溃或发生错误时,就可以从备份文件中还原数据库。当还原数据库时,SQL Server 会自动将备份文件中的数据全部复制到数据库,并回滚任何未完成的事务,保证数据完整性。

10.2.1 还原的概念

还原是从一个或多个备份中还原数据,并在还原最后一个备份后,使数据库处于一致且可用的状态并使其在线的一组完整的操作。

10.2.2 还原的类型

还原数据,是指让数据库根据备份的数据回到备份时的状态。在还原之前,要确保没有用户使用数据库,否则无法执行还原。

1. 常规还原

在执行还原之前,先说明 RECOVERY 选项,其用于通知 SQL Server 2022,数据库还原过程已经结束,用户可以重新开始使用数据库,它只能用于还原过程的最后一个文件。

2. 时间点还原

在 SQL Server 2022 中进行事务日志备份时,不仅给事务日志中的每个事务标上日志号,还给它们标上一个时间。这个时间与 RESTORE 语句的 STOPAT 从句结合起来,允许将数据返回到前一个状态。

10.3　学生信息数据库数据的导出和导入

SQL Server 2022 的导入导出服务可以实现不同类型的数据库系统的数据转换。为了让用户可以更直观地使用导入导出服务,SQL Server 2022 还提供了导入导出向导。导入和导出向导提供了一种从源向目标复制数据的最简便的方法,可以在多种常用数据格式之间转换数据,还可以创建目标数据库和插入表。

要成功完成 SQL Server 导入和导出向导,则必须至少具有下列权限。

(1) 连接到源数据库和目标数据库或文件共享的权限,该权限在 Integration Services 中,需要服务器和数据库的登录权限。

(2) 从源数据库或文件中读取数据库的权限,在 SQL Server 数据库中,这需要对源表和视图具有 SELECT 权限。

(3) 向目标数据库或文件写入数据的权限,在 SQL Server 数据库中,需要对目标表具有 INSERT 权限。

(4) 若创建新的目标数据库、表或文件,就需要具有创建新的数据库、表或文件的足够权限;在 SQL Server 数据库中,需要具有 CREATE DATABASE 或 CREATE TABLE 权限。

(5) 若保存向导创建的包,需要具有向 msdb 系统或文件系统进行写入操作的足够权限。

10.3.1　数据的导出

数据的导出是指从 SQL Server 数据库中把数据复制到其他数据源中。

10.3.2　数据的导入

数据的导入是指从其他数据源中把数据复制到 SQL Server 数据库中。

任务实施

10.4　备份数据

在完成木项目任务前,请将样本数据库 stuinfo 附加至 SQL Server 2022 中。

备份数据可以使用 SSMS 和 Transact-SQL 语句实现。

10.4.1　备份设备的创建与删除

1. 使用 SSMS 创建和删除备份设备

【例 10.1】　创建 stuinfo 数据库的备份设备 backup。

操作步骤如下。

（1）打开 SQL Server Management Studio，连接到 SQL Server 上的数据库引擎。

（2）展开"服务器对象"节点，右击"备份设备"节点，在弹出的快捷菜单中选择"新建备份设备"命令，如图 10-1 所示。

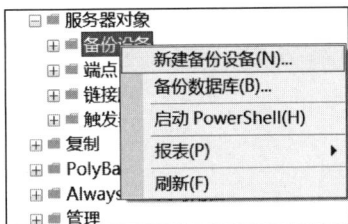

图 10-1　选择"新建备份设备"命令

（3）弹出"备份设备"对话框，如图 10-2 所示，在"设备名称"文本框中输入 backup，在"文件"文本框中选择备份设备路径，这里保持默认值。

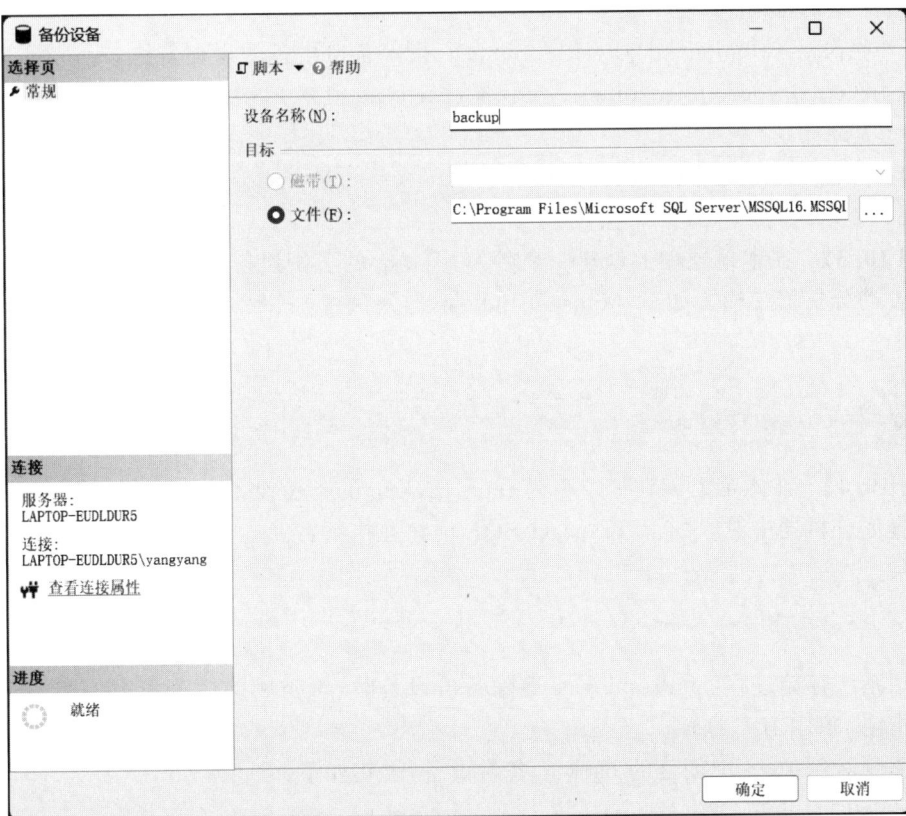

图 10-2　"备份设备"对话框

（4）单击"确定"按钮，完成备份设备的创建。

【例10.2】 删除例10.1中创建的备份设备。

操作步骤如下。

（1）打开SQL Server Management Studio，连接到SQL Server上的数据库引擎。

（2）展开"服务器对象"→"备份设备"节点，右击"backup备份设备"，在弹出的快捷菜单中选择"删除"命令，单击"确定"按钮，完成备份设备的删除。

2. 使用系统存储过程创建和删除备份设备

可以使用系统存储过程创建和删除备份设备。

使用系统存储过程创建备份设备的语法格式如下。

```
SP_ADDUMPDEVICE[@devtype = ]'device_type',
        [@logicalname = ]'logical_name',
        [@physicalname = ]'physical_name'
        [,{[@cntrltype = ]controller_type|
            [@devstatus = ]'device_status'}][;]
```

语法说明如下。

（1）[@devtype=]'device_type'：指定备份设备的类型。

（2）[@logicalname=]'logical_name'：指定在BACKUP和RESTORE语句中使用的备份设备的逻辑名称。

（3）[@physicalname=]'physical_name'：指定备份设备的物理名称。

（4）[@cntrltype=]controller_type：若cntrltype值是2，表示是磁盘；若cntrltype值是5，表示是磁带。

（5）[@devstatus=]'device_status'：device_status若是noskip，表示读ANSI磁带头，若是skip，表示跳过ANSI磁带头。

【例10.3】 在本地硬盘上创建一个名为backup的备份设备。

在查询分析器中输入如下Transact-SQL语句并执行：

```
USE stuinfo
EXEC sp_ addumpdevice 'disk', 'backup', 'C:\Program Files\Microsoft SQL Server\MSSQL16.
MSSQLSERVER\MSSQL\Backup\backup.bak';
```

【例10.4】 在磁带上创建一个名为tape_backup的备份设备。

在查询分析器中输入如下Transact-SQL语句并执行：

```
USE stuinfo
EXEC sp_addumpdevice 'tape','tape_backup','\\.\tape0';
```

使用系统存储过程sp_dropdevice删除备份设备时，若被删除的备份设备类型是磁盘，则需要指定DELFILE选项。

如要删除例10.3中创建的backup备份设备，语句如下：

```
EXEC sp_dropdevice 'backup',DELFILE;
```

假设backup备份设备未被删除，后续例题需使用。

10.4.2　学生信息数据库的完整备份

1. 使用 SSMS 执行完整备份

【例 10.5】　对 stuinfo 数据库进行完整备份。

操作步骤如下。

（1）打开 SQL Server Management Studio，连接到 SQL Server 上的数据库引擎。

（2）展开"数据库"节点，右击"stuinfo 数据库"，在弹出的快捷菜单中选择"属性"命令。

（3）弹出"数据库属性-stuinfo"对话框，打开"选项"页，如图 10-3 所示，在"恢复模式"下拉列表框中选择"完整"选项，单击"确定"按钮。

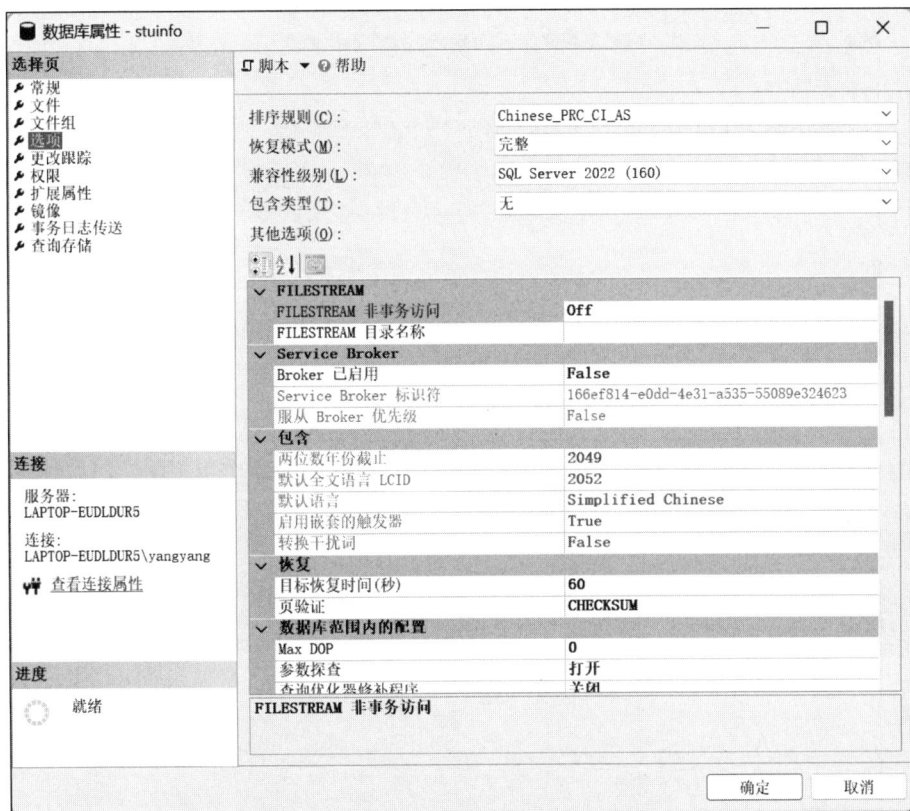

视频讲解

图 10-3　"数据库属性-stuinfo"对话框中"选项"页

（4）右击"stuinfo 数据库"，在弹出的快捷菜单中选择"任务"→"备份"命令，弹出"备份数据库-stuinfo"对话框，如图 10-4 所示。

（5）在"数据库"下拉列表框中选择 stuinfo 数据库，在"备份类型"下拉列表框中选择"完整"选项。

（6）打开"介质选项"页，如图 10-5 所示，选择"覆盖所有现有备份集"单选按钮，勾选"完成后验证备份"复选框。

（7）单击"确定"按钮，开始备份，完成备份后弹出"备份已成功完成"对话框，如图 10-6 所示。

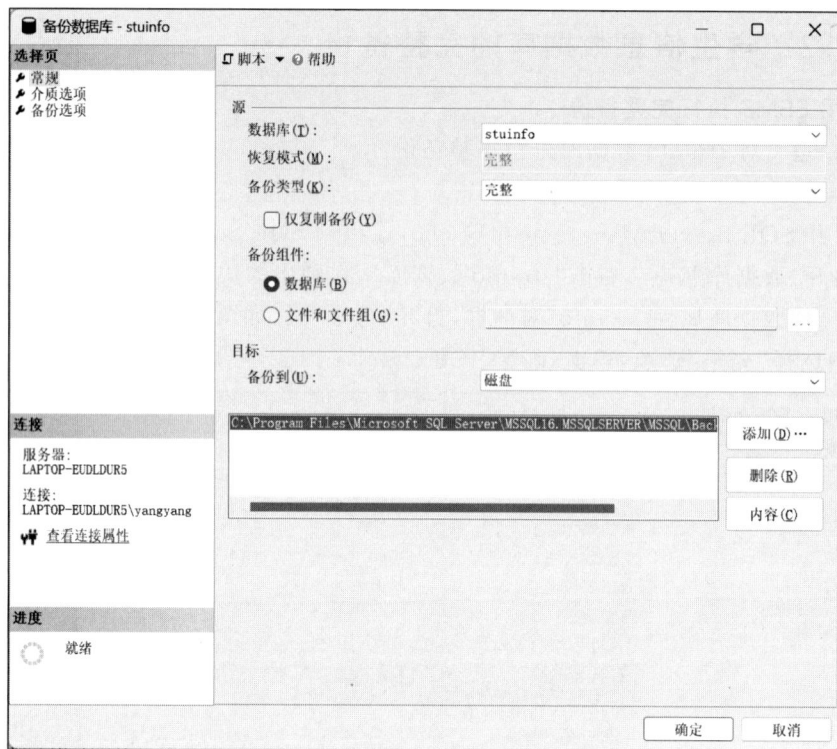

图 10-4　"备份数据库-stuinfo"对话框

图 10-5　"备份数据库-stuinfo"对话框中"介质选项"页

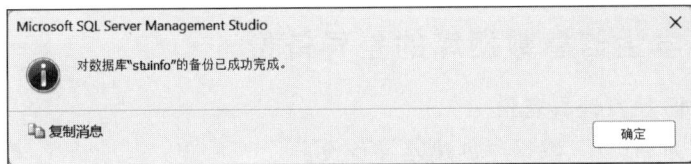

图 10-6 "备份已成功完成"对话框

2. 使用 Transact-SQL 语句执行完整备份

对数据库执行完整备份的语法格式如下。

```
BACKUP DATABASE database_name
TO < backup_device >[,…n]
[WITH
[[,]NAME = backup_set_name]
[ [,]DESCRIPTION = 'TEXT']
[ [,]{INIT|NOINIT}]
[ [,]{COMPRESSION|NO_COMPRESSION}]][;]
```

语法说明如下。

（1）database_name：指定备份的数据库名称。

（2）backup_device：指定备份设备名称。

（3）WITH 子句：指定备份选项。

（4）NAME＝backup_set_name：指定备份的名称。

（5）DESCRIPTION＝'TEXT'：指定备份的描述。

（6）INIT|NOINIT：INIT 表示新备份的数据覆盖当前备份设备上的每项内容；NOINIT 表示新备份的数据添加到备份设备上已有的内容后面。

（7）COMPRESSION|NO_COMPRESSION：COMPRESSION 表示启用备份压缩功能，NO_ COMPRESSION 表示不启用备份压缩功能。

【例 10.6】 使用 Transact-SQL 语句为 stuinfo 数据库创建完整备份，备份到 backup 备份设备中。

在查询分析器中输入如下 Transact-SQL 语句并执行：

```
USE stuinfo
BACKUP DATABASE stuinfo
TO disk = 'backup'
WITH INIT,
NAME = 'stuinfo 完整备份';
```

执行结果如图 10-7 所示。

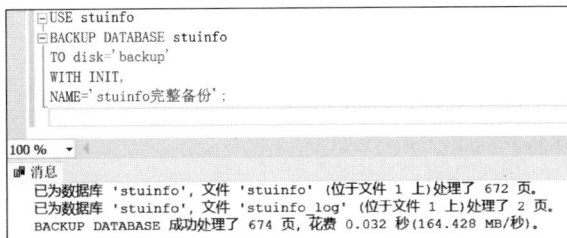

图 10-7 为 stuinfo 数据库创建完整备份

10.4.3　学生信息数据库的差异备份

1. 使用 SSMS 执行差异备份

【**例 10.7**】　为 stuinfo 数据库创建差异备份。

操作步骤如下。

（1）打开 SQL Server Management Studio，连接到 SQL Server 上的数据库引擎。

（2）展开"数据库"节点，右击"stuinfo 数据库"，在弹出的快捷菜单中选择"任务"→"备份"命令，弹出"备份数据库-stuinfo"对话框。

（3）如图 10-8 所示，从"数据库"下拉列表框中选择 stuinfo 数据库，"备份类型"选择"差异"。

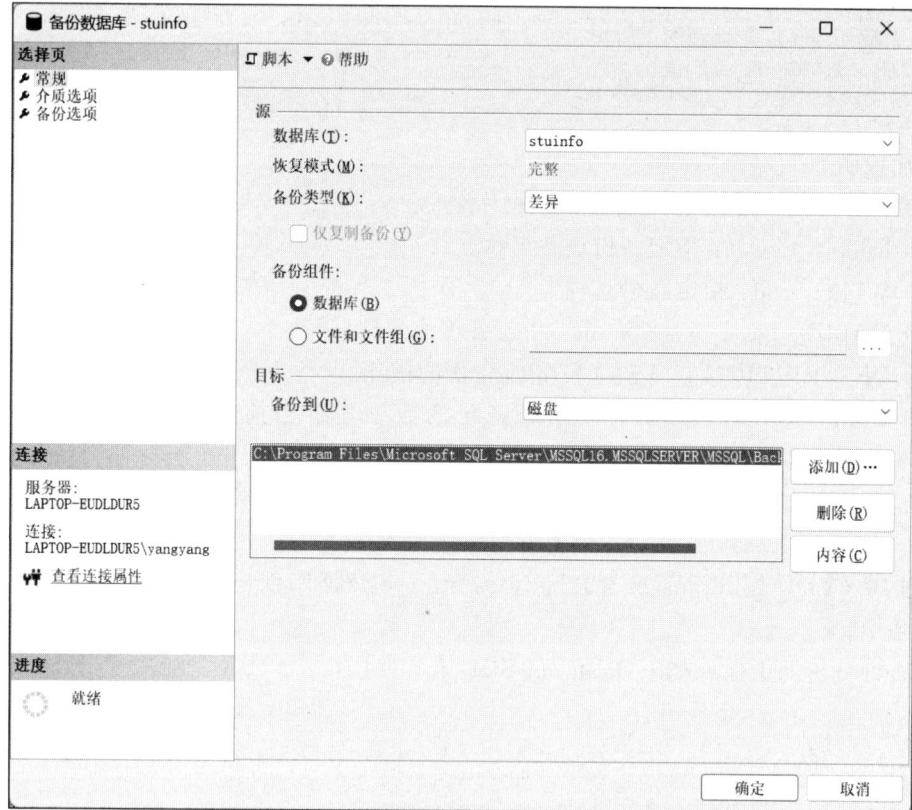

图 10-8　"备份数据库-stuinfo"对话框

（4）打开"介质选项"页，如图 10-9 所示，选择"追加到现有备份集"单选按钮，勾选"完成后验证备份"复选框。

（5）单击"确定"按钮，完成备份后弹出"备份已成功完成"对话框，如图 10-10 所示。

2. 使用 Transact-SQL 语句执行差异备份

对数据库执行差异备份的语法格式如下。

```
BACKUP DATABASE database_name
TO < backup_device >[,…n]
```

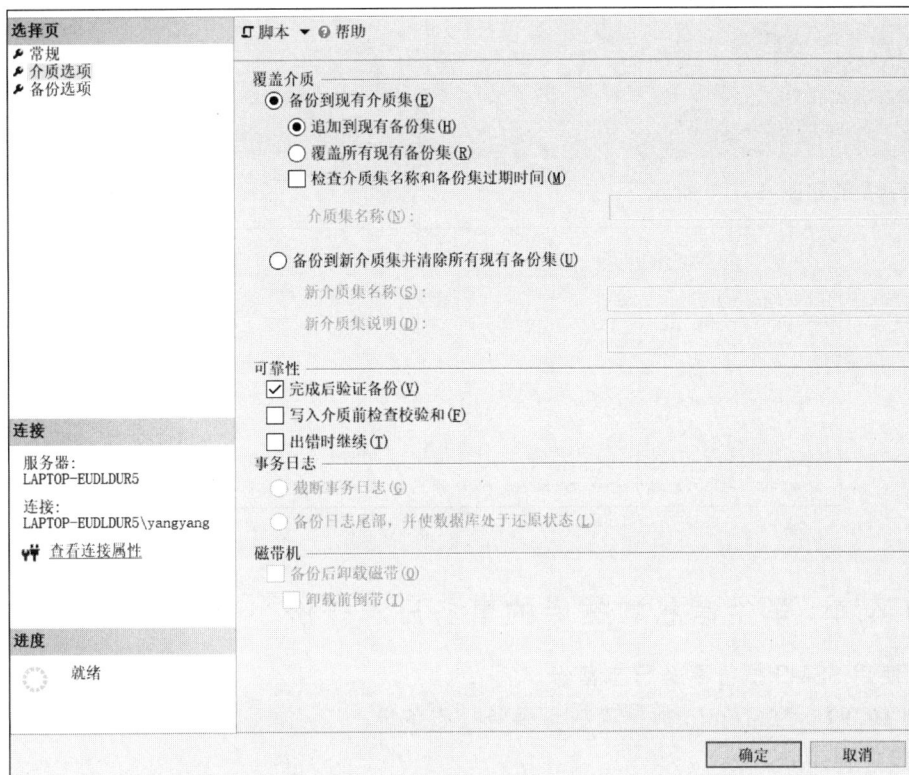

图 10-9 "备份数据库-stuinfo"对话框中"介质选项"页

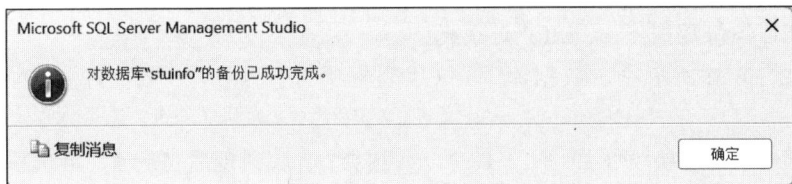

图 10-10 "备份已成功完成"对话框

```
WITH
DIFFERENTIAL
[[,]NAME = backup_set_name]
[ [,]DESCRIPTION = 'TEXT']
[ [,]{INIT→NOINIT}]
[ [,]{COMPRESSION→NO_COMPRESSION}][;]
```

语法说明如下。

WITH DIFFERENTIAL 子句：指明本次备份是差异备份。

其他参数与完整备份相同。

【例 10.8】 为 stuinfo 数据库创建差异备份，备份到 backup 备份设备中。

在查询分析器中输入如下 Transact-SQL 语句并执行：

```
USE stuinfo
BACKUP DATABASE stuinfo
```

```
TO disk = 'backup'
WITH NOINIT,
DIFFERENTIAL,
NAME = 'stuinfo差异备份';
```

执行结果如图 10-11 所示。

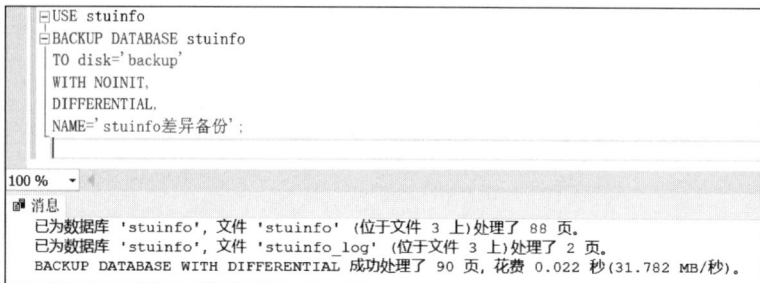

图 10-11　为 stuinfo 数据库创建差异备份

10.4.4　学生信息数据库的事务日志备份

1. 使用 SSMS 执行事务日志备份

【例 10.9】　为 stuinfo 数据库执行事务日志备份。

操作步骤如下。

（1）打开 SQL Server Management Studio，连接到 SQL Server 上的数据库引擎。

（2）展开"数据库"节点，右击 stuinfo 数据库，在弹出的快捷菜单中选择"任务"→"备份"命令，弹出"备份数据库-stuinfo"对话框。

（3）如图 10-12 所示，从"数据库"下拉列表框中选择 stuinfo 数据库，"备份类型"选择"事务日志"。

（4）打开"介质选项"页，如图 10-13 所示，选择"追加到现有备份集"单选按钮，勾选"完成后验证备份"复选框，选择"截断事务日志"单选按钮。

（5）单击"确定"按钮开始备份。

重要提示：当 SQL Server 使用简单恢复模型时，不能备份事务日志。

2. 使用 Transact-SQL 语句执行事务日志备份

对数据库执行事务日志备份的语法格式如下。

```
BACKUP LOG database_name
TO < backup_device >[,…n]
WITH
[[,]NAME = backup_set_name]
[ [,]DESCRIPTION = 'TEXT']
[ [,]{INIT|NOINIT}]
[ [,]{COMPRESSION|NO_COMPRESSION}][;]
```

语法说明如下。

LOG：指定仅备份事务日志。该日志是从上一次成功执行的日志备份到当前日志的末尾。

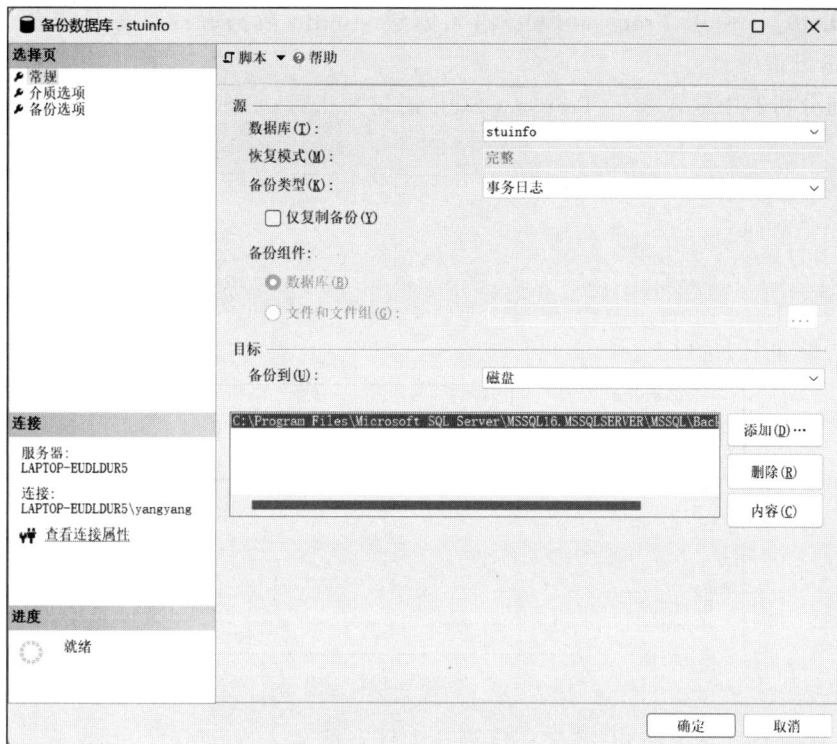

图 10-12 "备份数据库-stuinfo"对话框

图 10-13 "备份数据库-stuinfo"对话框中"介质选项"页

【**例 10.10**】 使用 Transact-SQL 语句创建 stuinfo 数据库的事务日志备份，备份到 backup 备份设备中。

在查询分析器中输入如下 Transact-SQL 语句并执行：

```
USE stuinfo
BACKUP LOG stuinfo
TO disk = 'backup'
WITH NOINIT,
NAME = 'stuinfo日志备份';
```

执行结果如图 10-14 所示。

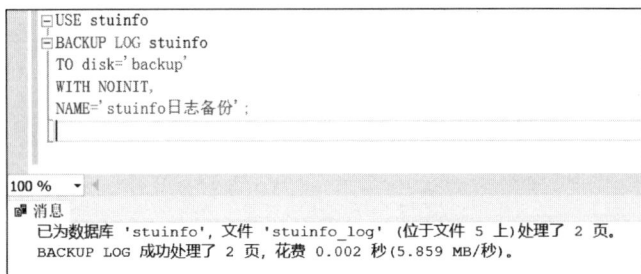

图 10-14　创建事务日志备份

说明：必须创建完整备份，才能创建第一个日志备份。

10.4.5　学生信息数据库的文件或文件组备份

1. 使用 SSMS 执行文件组备份

【**例 10.11**】 为 stuinfo 数据库创建文件组备份（假设 stuinfo 数据库中有文件组 group，其下有一个文件 data）。

操作步骤如下。

（1）打开 SQL Server Management Studio，连接到 SQL Server 上的数据库引擎。

（2）展开“数据库”节点，右击 stuinfo 数据库，在弹出的快捷菜单中选择“任务”→“备份”命令，弹出“备份数据库-stuinfo”对话框。

（3）在“备份数据库-stuinfo”对话框中，备份组件选择“文件和文件组”，弹出“选择文件和文件组”对话框，如图 10 15 所示。

（4）在“选择文件和文件组”对话框中，选择需要备份的文件组 group 及下属文件，单击“确定”按钮。

（5）返回“备份数据库-stuinfo”对话框，如图 10-16 所示，选择数据库为 stuinfo，备份类型为“完整”。

（6）打开“介质选项”页，选择“追加到现有备份集”单选按钮，勾选“完成后验证备份”复选框。

（7）设置完成后，单击“确定”按钮开始备份。

2. 使用 Transact-SQL 语句创建文件组备份

使用 Transact-SQL 语句创建文件组备份的语法格式如下。

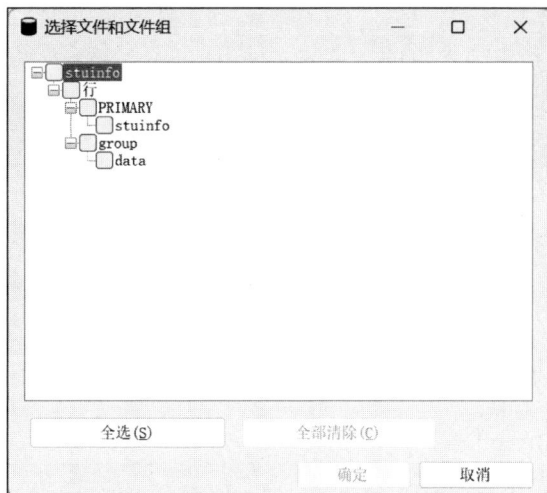

图 10-15　"选择文件和文件组"对话框

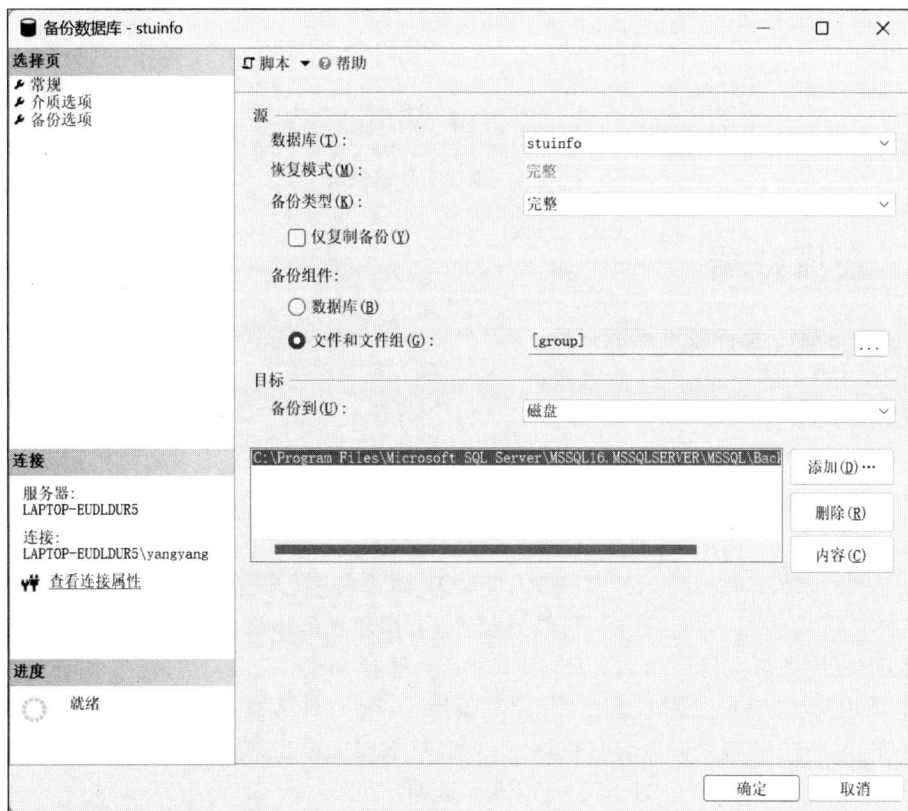

图 10-16　"备份数据库-stuinfo"对话框

```
BACKUP DATABASE database_name
<file_or_filegroup>[…n]
TO <backup_device>[…n]
WITH options[;]
```

语法说明如下。

file_or_filegroup：指定要备份的文件或文件组。

WITH options：用于指定备份选项。

【例 10.12】 使用 Transact-SQL 语句将 group 文件组备份到 backup 备份设备中。

在查询分析器中输入如下 Transact-SQL 语句并执行：

```
BACKUP DATABASE stuinfo
FILEGROUP = 'group'
TO disk = 'backup'
WITH
NAME = 'stuinfo 文件组备份';
```

执行结果如图 10-17 所示。

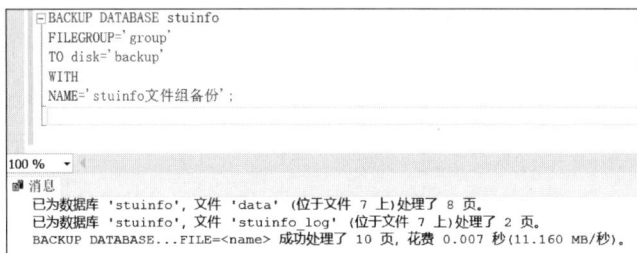

图 10-17　创建文件组备份

10.5　还原数据

1. 使用 SSMS 执行数据库的还原

【例 10.13】 还原 stuinfo 数据库。

操作步骤如下。

（1）打开 SQL Server Management Studio，连接到 SQL Server 上的数据库引擎。

（2）展开"数据库"节点，右击"stuinfo 数据库"，在弹出的快捷菜单中选择"任务"→"还原"→"数据库"命令，打开"还原数据库-stuinfo"对话框。

（3）在"还原数据库-stuinfo"对话框中，勾选"源设备"复选框，单击后面的"浏览"按钮，弹出"选择备份设备"对话框，在"备份介质类型"下拉列表框中选择"文件"选项，单击"添加"按钮，打开"定位备份文件"窗口，如图 10-18 所示，选择 stuinfo.bak 文件。

（4）单击两次"确定"按钮，返回"还原数据库-stuinfo"对话框，打开"选项"页，如图 10-19 所示，勾选"还原选项"中"覆盖现有数据库（WITH REPLACE）"复选框，在"恢复状态"下拉列表中选择 RESTORE WITH RECOVERY 选项。

（5）设置完成后，单击"确定"按钮开始还原。

2. 使用 Transact-SQL 语句执行数据库的还原

使用 Transact-SQL 语句还原数据库的语法格式如下。

```
RESTORE DATABASE database_name
FROM backup_device
WITH REPLACE[;]
```

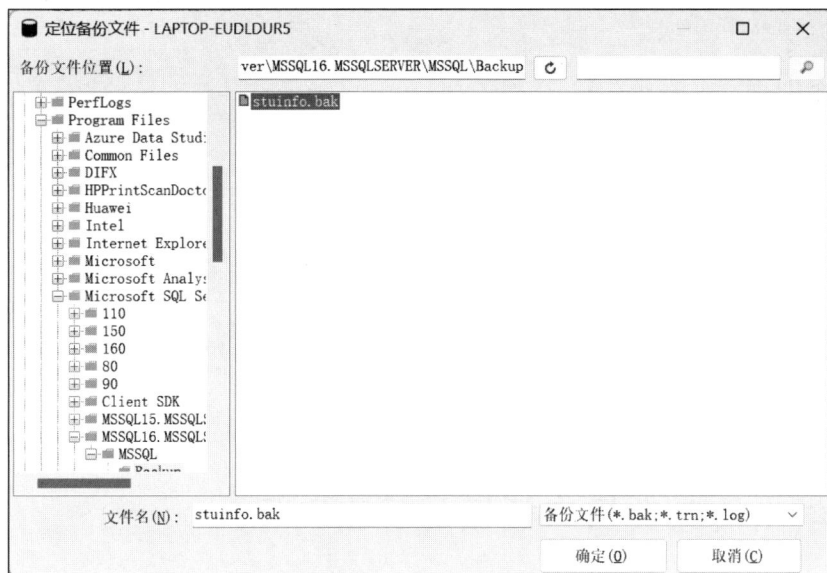

图 10-18　"定位备份文件"窗口

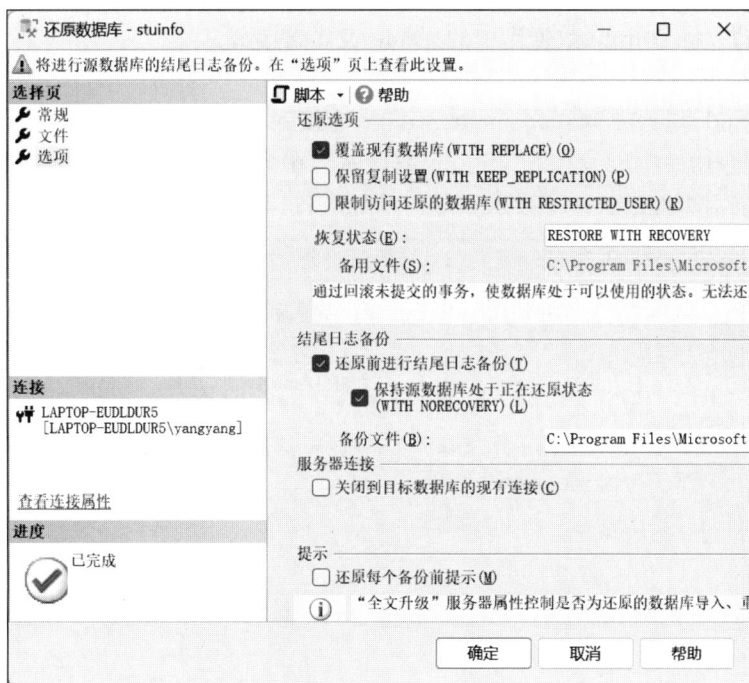

图 10-19　"还原数据库-stuinfo"对话框中"选项"页

语法说明如下。

（1）database_name：指定还原的数据库名称。

（2）backup_device：指定还原操作要使用的逻辑或物理备份设备。

【例 10.14】　从 backup 备份设备中还原 stuinfo 整个数据库。

在查询分析器中输入如下 Transact-SQL 语句并执行：

```
RESTORE DATABASE stuinfo
FROM disk = 'backup'
WITH REPLACE;
```

执行结果如图 10-20 所示。

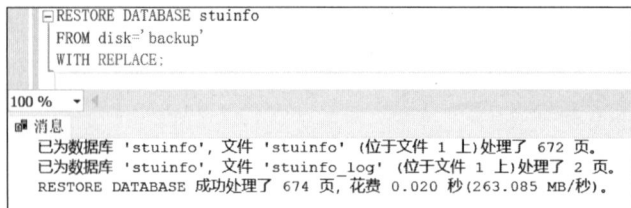

图 10-20　还原 stuinfo 数据库

10.6　学生信息数据库数据的导出和导入

10.6.1　学生信息数据库数据的导出

【例 10.15】　将 stuinfo 数据库中的 grade 表数据导出。

操作步骤如下。

（1）打开 SQL Server Management Studio，连接到 SQL Server 上的数据库引擎。

（2）展开"数据库"节点，右击"stuinfo 数据库"，在弹出的快捷菜单中选择"任务"→"导出数据"命令，打开"SQL Server 导入和导出向导"窗口，如图 10-21 所示。

图 10-21　"SQL Server 导入和导出向导"窗口

（3）单击 Next 按钮，打开"选择数据源"界面，如图 10-22 所示，选择"数据源"下拉列表中的 SQL Server Native Client 11.0 选项。

图 10-22　"选择数据源"界面

（4）单击 Next 按钮，打开"选择目标"界面，选择"目标"下拉列表中的 SQL Server Native Client 11.0 选项，其他设置和图 10-22 相同，如图 10-23 所示。

图 10-23　"选择目标"界面

（5）单击 Next 按钮，打开"指定表复制或查询"界面，如图 10-24 所示，选中"复制一个或多个表或视图的数据"单选按钮。

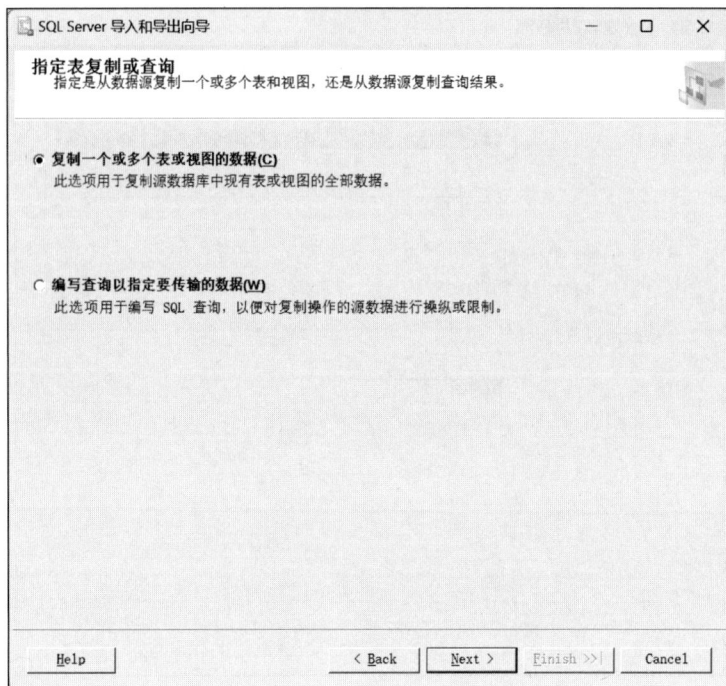

图 10-24 "指定表复制或查询"界面

（6）单击 Next 按钮，打开"选择源表和源视图"界面，如图 10-25 所示，选中 grade 表。

图 10-25 "选择源表和源视图"界面

（7）单击 Next 按钮，勾选"立即运行"复选框，单击 Next 按钮。

（8）单击 Finish 按钮，如图 10-26 所示，开始导出数据。

图 10-26　导出数据

10.6.2　学生信息数据库数据的导入

数据的导入和数据的导出步骤类似，请读者自行练习。

单元小结

本项目介绍了数据备份和还原的概念，备份的类型，还原的策略，备份设备的创建和删除，备份数据的方法和还原数据的方法，数据的导出和导入。

备份就是制作数据库结构、对象和数据的副本，存储在备份设备上，如磁盘或磁带，当数据库发生错误时，用户可以利用备份将数据库恢复。备份设备的创建与删除可以通过 SSMS 和 Transact-SQL 语句完成。备份数据可以通过 SSMS 和 Transact-SQL 语句完成。

还原是指从一个或多个备份数据中恢复，并在还原最后一个备份后，使数据库处于一致且可用的状态并使其在线的一组完整的操作。还原数据库可以通过 SSMS 和 Transact-SQL 语句执行。

SQL Server 2022 的导入导出服务可以实现不同类型的数据库系统的数据转换。

📝 单元实训

【实训目的】

（1）掌握备份和还原的概念。

（2）掌握用 Transact-SQL 语句和 SSMS 方法对数据进行备份和还原。

（3）掌握数据的导出和导入。

【实训内容】

（1）建立备份设备 backup。

（2）完整备份 books_sale 数据库到 backup。

（3）差异备份 books_sale 数据库到 backup。

（4）事务日志备份 books_sale 数据库到 backup。

（5）在 books_sale 数据库中添加一个文件组 datagroup，并在 datagroup 文件组中添加一个文件 newdata，将此文件组和文件备份到 backup。

（6）利用完整备份还原 books_sale 数据库。

（7）上述第(1)～(6)题用 SSMS 和 Transact-SQL 语句分别实现。

学生信息数据库的安全管理

学习目标

(1) 掌握：创建、删除登录名和用户的方法，角色的使用，权限和架构管理。

(2) 理解：常见的角色类型。

(3) 了解：SQL Server 安全机制。

学习任务

为保证数据库中数据的安全，需要进行数据库的安全维护，给不同的用户分配不同的权限。

知识学习

11.1 SQL Server 的安全机制

视频讲解

在信息爆发的时代，每天都有大量的数据需要处理和保存，数据库中的数据经常涉及数据的输入、输出与处理，如果数据出现安全问题将会造成非常严重的后果。管理数据库系统的安全，保护数据不受内部和外部侵害是非常重要和关键的工作。为了保证数据库的安全，SQL Server 2022 提供了完善的管理机制和操作手段。

11.1.1 安全简介

数据库的安全性是指保护数据库以防止不合法的使用所导致的数据泄露、篡改或破坏。系统安全保护措施是否有效是数据库系统的主要指标之一。

11.1.2 安全机制

在以往的 SQL Server 中采用的安全机制是 SQL Server 层次的登录和数据库层次的角色和用户，即是从 SQL Server 自身的角度确认哪些访问实体可以访问数据库。SQL Server 2022 采用分级的安全机制，分为三类：服务器级别的安全机制、数据库级别的安全机制、对象级别的安全机制。

1. 服务器级别的安全机制

这个级别的安全性主要通过登录账户进行控制，要想访问一个数据库服务器，必须拥有一个登录账户。登录账户可以是 Windows 账户或组，也可以是 SQL Server 的登录账户。登录账户可以属于相应的服务器角色。至于角色，可以理解为权限的组合。

2. 数据库级别的安全机制

数据库级别的安全机制，主要是指对用户可以访问的数据库进行限制。默认情况下，数据库的拥有者可以访问该数据库的对象，也就是说，要想访问一个数据库，必须拥有该数据库的一个用户账户身份。用户账户是通过登录账户进行映射的，可以属于固定的数据库角色或自定义数据库角色。可以分配访问权限给其他用户，以便让其他用户也拥有该数据库的访问权限。

3. 对象级别的安全机制

对象级别的安全机制，主要是指对用户访问数据库对象的权限进行限制。这个级别的安全性通过设置数据对象的访问权限进行控制。所包含的安全对象有表、视图、函数、存储过程、类型、同义词、聚合函数等。在创建这些对象时可设定架构，若不设定则系统默认架构为 dbo。

11.2 管理登录名和用户

登录数据库需要有服务器账户，登录成功后，如果想要对数据库的数据和数据对象进行操作，还需要成为数据库用户。Windows 登录名和 SQL Server 登录名只能用来登录 SQL Server，访问数据库还需要为该登录名映射一个或多个数据库用户。而对于不必要的登录名和用户应该及时删除。

11.3 角色管理

角色是 SQL Server 用来集中管理数据库或服务器的权限。在 SQL Server 中，数据库的权限分配是通过角色来实现的。数据库管理员将操作数据库的权限赋予角色，再将这些角色赋予数据库用户或登录名，从而使数据库用户或登录名拥有相应的权限。

11.3.1 固定服务器角色

SQL Server 2022 在安装时会创建一系列固定服务器角色。服务器角色是预定义角色，角色的种类和每个角色的权限都是固定的，不能更改、添加或删除固定服务器角色，只能为其添加成员或删除成员。

SQL Server 2022 提供了 9 个固定服务器角色，描述见表 11-1。

表 11-1 SQL Server 2022 中的固定服务器角色

固定服务器角色	描 述
sysadmin	系统管理员。可以对 SQL Server 服务器进行所有的管理工作，这个角色仅适合于数据库管理员（DBA）
securityadmin	安全管理员。可以管理登录名及其属性，可以对服务器级与数据库级权限进行授予、拒绝和撤销操作，可以重置 SQL Server 登录名的密码
serveradmin	服务器管理员。可以对服务器进行设置及关闭服务器

固定服务器角色	描　　述
setupadmin	安全程序管理员。可以添加和删除链接服务器，执行某些系统存储过程
processadmin	进程管理员。可以管理 SQL Server 进程
diskadmin	磁盘管理员。可以管理磁盘文件
dbcreator	数据库创建者。可以创建、更改、删除和还原任何数据库。此角色适合于助理 DBA 或开发人员
bulkadmin	可以执行 BULK INSERT 语句
public	每一个 SQL Server 登录名属于 public 服务器角色。如果未向某个服务器主体授予或拒绝对某个安全对象的特定权限，该用户将继承授予该对象的 public 角色的权限

11.3.2　固定数据库角色

固定数据库角色是在数据库级上定义的，并且有权进行特定数据库的管理及操作。用户无法添加或删除固定数据库角色，也无法更改授予固定数据库角色的权限。

SQL Server 2022 中有 10 个固定数据库角色，描述见表 11-2。

表 11-2　SQL Server 2022 中的固定数据库角色

固定数据库角色	描　　述
db_owner	数据库所有者。可以执行数据库的所有管理操作
db_accessadmin	数据库访问管理员。可以添加、删除用户
db_securityadmin	数据库安全管理员。可以修改角色成员身份和管理权限
db_ddladmin	数据库 DDL 管理员。可以添加、更改或删除数据库中的对象
db_backupoperator	数据库备份操作员。可以备份数据库
db_datareader	数据库数据读取者。可以读取所有用户表中的所有数据
db_datawriter	数据库数据写入者。可以添加、删除和更改所有用户表中的所有数据
db_denydatareader	数据库拒绝数据读取者。不能读取数据库中任何表的内容
db_denydatawriter	数据库拒绝数据写入者。不能添加、删除或更改数据库内用户表中的任何数据
public	每个数据库用户都属于 public 数据库角色，如果未向某个用户授予或拒绝对安全对象的特定权限时，该用户将继承授予该对象的 public 角色的权限

注意：db_owner 和 db_securityadmin 角色的成员可以管理固有数据库角色成员身份；但是，只有 db_owner 数据库的成员可以向 db_owner 固有数据库角色中添加成员。

11.3.3　自定义数据库角色

固定服务器角色和固定数据库角色的权限是固定的，有时可能不满足实际应用中的需求，这时就需要创建自定义数据库角色。

在实际应用中，在创建自定义数据库角色时，先将需要的权限赋予自定义角色，然后将数据库用户指派给该角色。

11.3.4　应用程序角色

应用程序角色没有默认的角色成员，它是一个数据库主体，它使应用程序能够用其自身的、类似用户的权限来运行。使用应用程序角色，可以只允许通过特定应用程序连接的用户访问特定数据。

11.4 数据库权限的管理

数据库的权限指明了用户能够获得哪些数据库对象的使用权,能够对哪些对象执行何种操作。权限对于数据库来说至关重要,是保证数据库安全的必要因素。对于权限的管理可以分成授予权限、拒绝权限和撤销权限三种。其中授予权限是指为了允许用户执行某些活动或者操作数据,需要授予他们相应的权限;拒绝权限是指在实际应用中,可以拒绝给当前数据库内的用户授权的权限;撤销权限可以停止以前授予或拒绝的权限。

任务实施

11.5 管理登录名和用户

在完成本项目任务前,请将样本数据库 stuinfo 附加至 SQL Server 2022 中。

11.5.1 创建登录名

1. 使用 SSMS 创建 Windows 登录名

【例 11.1】 使用 SSMS 创建以 Windows 身份验证的登录名 user1。

操作步骤如下。

(1) 打开操作系统的"控制面板",依次选择"管理工具"→"系统和安全"→"计算机管理"命令,打开"计算机管理"窗口。

(2) 展开"本地用户和组"节点,右击"用户"节点,在弹出的快捷菜单中选择"新用户"命令,弹出"新用户"对话框。

(3) 在"新用户"对话框中,输入用户名 user1,密码为 123456,单击"创建"按钮,完成新用户的创建。

(4) 打开 SQL Server Management Studio,连接到 SQL Server 上的数据库引擎。

(5) 展开"安全性"节点,右击"登录名"节点,在弹出的快捷菜单中选择"新建登录名"命令,如图 11-1 所示。

(6) 弹出"登录名-新建"对话框,单击"搜索"按钮,弹出"选择用户或组"对话框,如图 11-2 所示。

(7) 单击"高级"按钮,再单击"立即查找"按钮,在弹出的对话框中选中用户名 user1,单击"确定"按钮。

图 11-1 选择"新建登录名"命令

(8) 返回"选择用户或组"对话框,单击"确定"按钮,返回"登录名-新建"对话框,单击"确定"按钮完成创建。

2. 使用 SSMS 创建 SQL Server 登录名

【例 11.2】 使用 SSMS 创建以 SQL Server 身份验证的登录名 user2。

操作步骤如下。

(1) 打开 SQL Server Management Studio,连接到 SQL Server 上的数据库引擎。

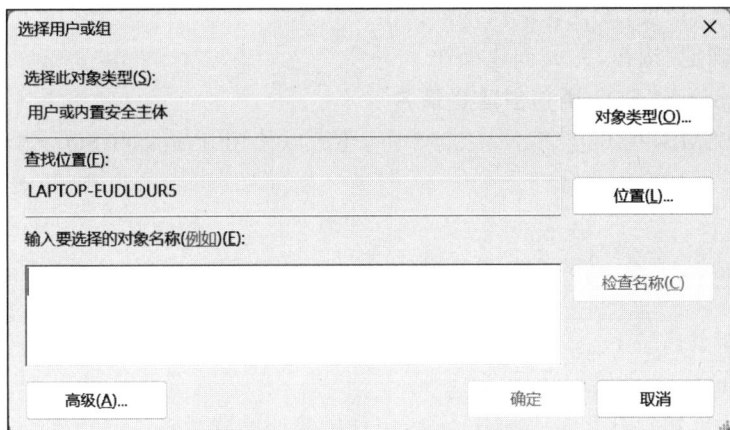

图 11-2　"选择用户或组"对话框

（2）展开"安全性"节点，右击"登录名"节点，在弹出的快捷菜单中选择"新建登录名"命令，弹出"登录名-新建"对话框。

（3）在"登录名"文本框中输入登录名 user2，勾选"SQL Server 身份验证"复选框，在"密码"和"确认密码"文本框中输入密码 123456，取消勾选"强制实施密码策略"复选框，"默认数据库"和"默认语言"保持系统提供的默认值。

（4）打开"用户映射"页，如图 11-3 所示，勾选 stuinfo 映射，勾选 stuinfo 中 db_owner 和 public 角色，此时 user2 拥有 stuinfo 的所有操作权限。

图 11-3　"登录名-新建"对话框中"用户映射"页

（5）打开"状态"页,该页选项保持默认值。

（6）单击"确定"按钮,完成创建操作。

3. 使用 Transact-SQL 语句创建登录名

除了使用 SSMS,在 SQL Server 2022 中,还可以使用 Transact-SQL 语句创建登录名。语法格式如下。

```
CREATE LOGIN login_name
< WITH PASSWORD = 'password'>|< FROM WINDOWS >[;]
```

语法说明如下。

（1）login_name：创建的登录名。

（2）WITH 子句：用于创建 SQL Server 身份验证的登录名。

（3）'password'：SQL Server 身份验证的登录密码。

（4）FROM WINDOWS 子句：用于创建 WINDOWS 身份验证的登录名。

【例 11.3】　使用 Transact-SQL 语句创建以 Windows 身份验证的登录名 user3（假设 Windows 用户 user3 已经创建,本地计算机名为 LOCALPC）。

在查询分析器中输入如下 Transact-SQL 语句并执行：

```
CREATE LOGIN [LOCALPC\user3]
    FROM WINDOWS;
```

【例 11.4】　使用 Transact-SQL 语句创建以 SQL Server 身份验证的登录名 user4,密码为 123456,默认数据库为 stuinfo。

在查询分析器中输入如下 Transact-SQL 语句并执行：

```
CREATE LOGIN user4
    WITH PASSWORD = '123456',
    DEFAULT_DATABASE = stuinfo;
```

11.5.2　创建用户

1. 使用 SSMS 创建用户

【例 11.5】　为数据库 stuinfo 创建用户。

操作步骤如下。

（1）打开 SQL Server Management Studio,连接到 SQL Server 上的数据库引擎。

（2）展开"数据库"→stuinfo→"安全性"节点,右击"用户"节点,在弹出的快捷菜单中选择"新建用户"命令,弹出"数据库用户-新建"对话框。

（3）单击"登录名"文本框后面的按钮,弹出"选择登录名"对话框。

（4）单击"浏览"按钮,在"查找对象"对话框中,如图 11-4 所示,选择匹配的对象为 [user4],将新用户映射到这个登录名。

（5）单击"确定"按钮,返回"选择登录名"对话框,单击"确定"按钮,返回"数据库用户-新建"对话框。在该对话框中设置用户名为 winner,打开"成员身份"页,如图 11-5 所示,勾选"数据库角色成员身份"列表框中的 db_owner 复选框。

视频讲解

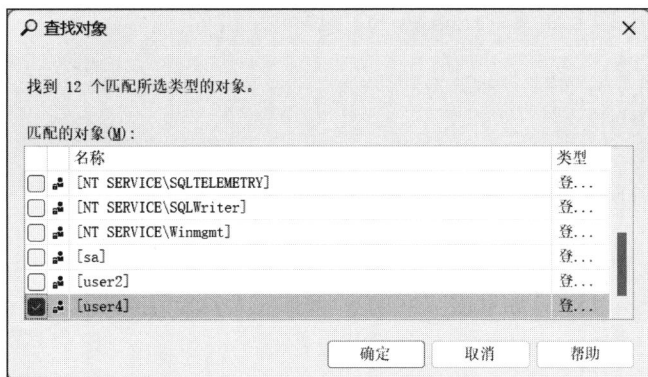

图 11-4　"查找对象"对话框

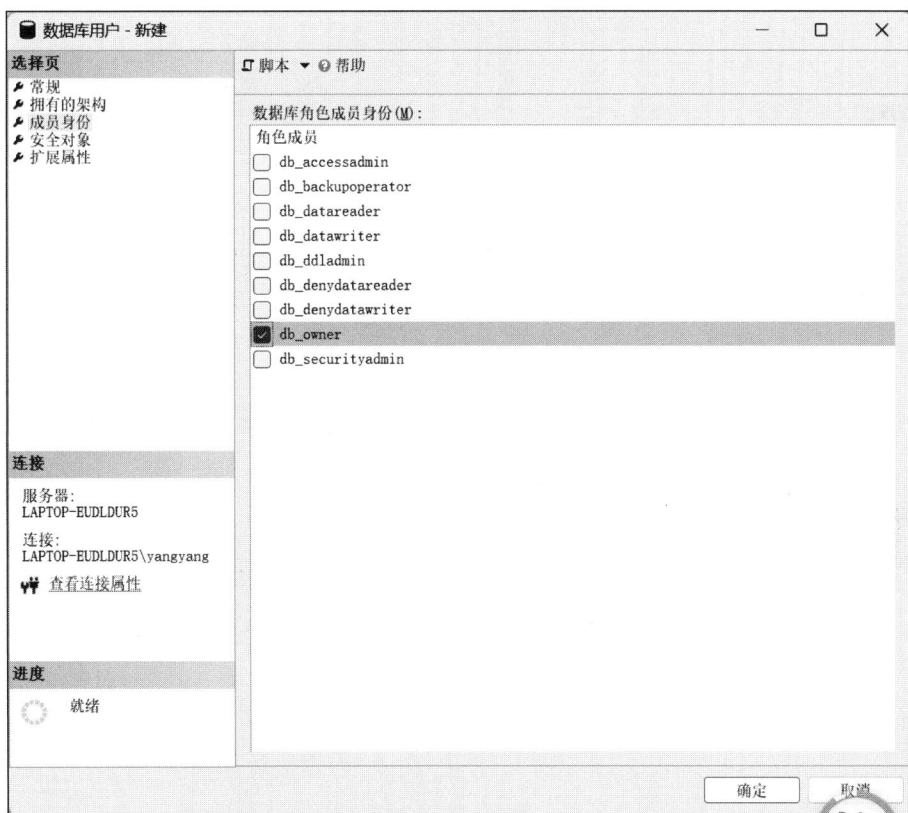

图 11-5　"数据库用户-新建"对话框中"成员身份"页

（6）单击"确定"按钮，完成新用户 winner 的创建。

2. 使用 Transact-SQL 语句创建用户

除了使用 SSMS，还可以使用 Transact-SQL 语句创建用户。语法格式如下。

```
CREATE USER user_name
FOR LOGIN login_name[;]
```

【例 11.6】　使用 Transact-SQL 语句创建一个 SQL Server 登录名 user5，再为该登录名创建一个用户 newwinner。

在查询分析器中输入如下 Transact-SQL 语句并执行：

```
CREATE LOGIN user5 WITH PASSWORD = '123456';
CREATE USER newwinner FOR LOGIN user5;
```

11.5.3　删除登录名

1. 使用 SSMS 删除登录名

【例 11.7】　使用 SSMS 删除登录名 user4。

操作步骤如下。

（1）打开 SQL Server Management Studio，连接到 SQL Server 上的数据库引擎。

（2）展开"安全性"→"登录名"节点，右击"user4 登录名"，在弹出的快捷菜单中选择"删除"命令，弹出"删除对象"对话框，如图 11-6 所示。

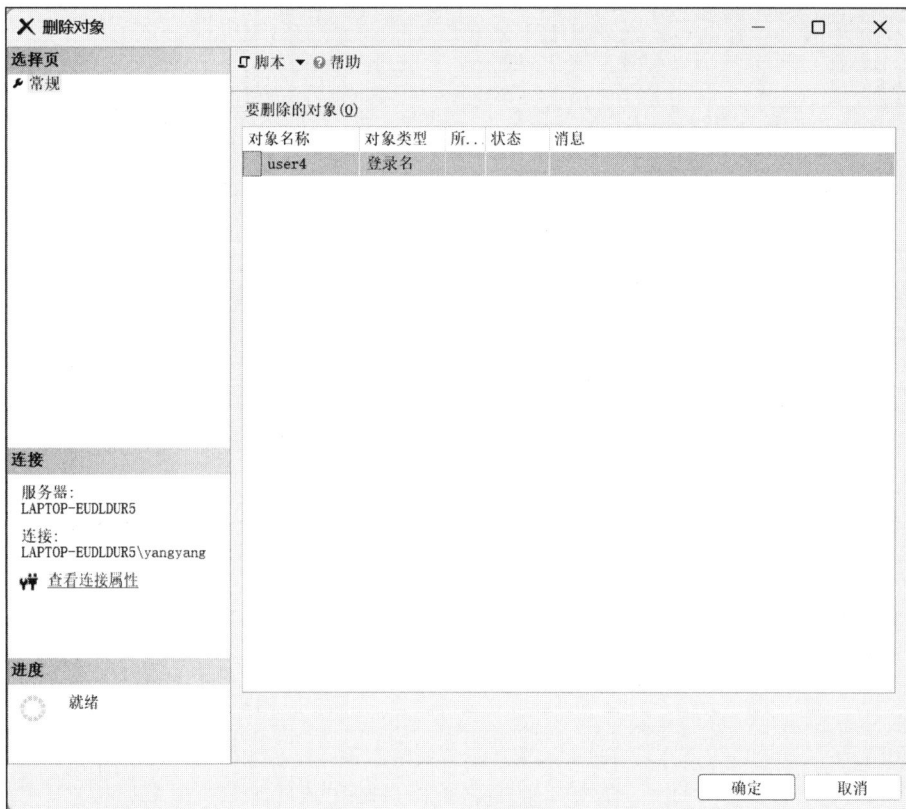

图 11-6　"删除对象"对话框

（3）单击"确定"按钮，弹出是否确定删除对象的消息对话框，如图 11-7 所示，单击"确定"按钮，即可删除该登录名。

2. 使用 Transact-SQL 语句删除登录名

删除登录名的语法格式如下。

```
DROP LOGIN login_name[;]
```

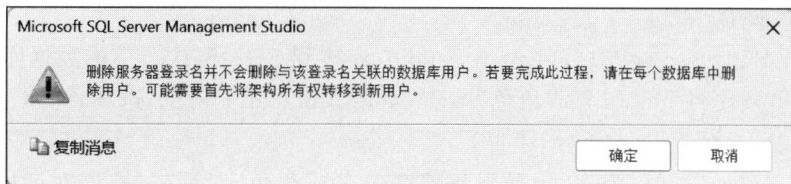

图 11-7　是否确定删除对象的消息对话框

【例 11.8】　使用 Transact-SQL 语句删除登录名 user5。

在查询分析器中输入如下 Transact-SQL 语句并执行：

```
DROP LOGIN user5;
```

说明：不能删除正在登录的登录名，也不能删除拥有任何安全对象、服务器级对象或 SQL Server 代理作业的登录名。

11.5.4　删除用户

1. 使用 SSMS 删除用户

【例 11.9】　使用 SSMS 删除用户 winner。

操作步骤如下。

（1）打开 SQL Server Management Studio，连接到 SQL Server 上的数据库引擎。

（2）展开"数据库"→stuinfo→"安全性"→"用户"节点，右击"winner 用户"节点，在弹出的快捷菜单中选择"删除"命令，弹出"删除对象"对话框。

（3）单击"确定"按钮，即可删除用户 winner。

2. 使用 Transact-SQL 语句删除用户

删除用户的语法格式如下。

```
DROP USER user_name[;]
```

【例 11.10】　使用 Transact-SQL 语句删除用户 newwinner。

在查询分析器中输入如下 Transact-SQL 语句并执行：

```
DROP USER newwinner;
```

重要提示：必须先删除或转移安全对象的所有权，才能删除拥有这些安全对象的数据库用户。

11.6　角色管理

11.6.1　固定服务器角色的管理

1. 使用 SSMS 为登录名指派固定服务器角色

【例 11.11】　使用 SSMS 为例 11.6 中创建的登录名 user5 指派固定服务器角色 dbcreator。

视频讲解

操作步骤如下。

（1）打开 SQL Server Management Studio，连接到 SQL Server 上的数据库引擎。

（2）展开"安全性"→"服务器角色"节点，双击"dbcreator 角色"选项，弹出"服务器角色属性-dbcreator"对话框。

（3）单击"添加"按钮，弹出"选择服务器登录名或角色"对话框，在该对话框中单击"浏览"按钮，弹出"查找对象"对话框，如图 11-8 所示，勾选[user5]复选框。

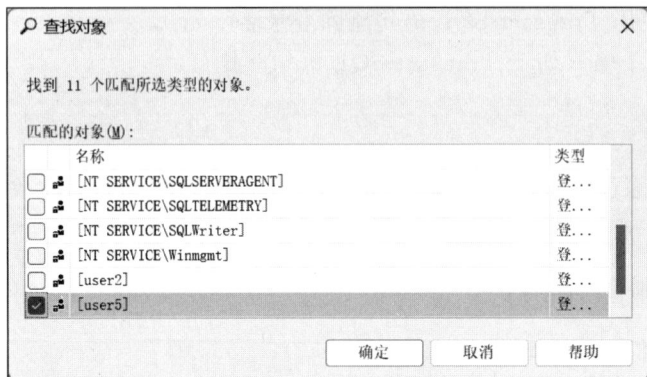

图 11-8   "查找对象"对话框

（4）单击"确定"按钮，返回"选择服务器登录名或角色"对话框，单击"确定"按钮，返回"服务器角色属性-dbcreator"对话框，如图 11-9 所示。

图 11-9   "服务器角色属性-dbcreator"对话框

（5）单击"确定"按钮，完成向登录名 user5 指派 dbcreator 角色的操作。

2. 使用系统存储过程管理固定服务器角色

管理固定服务器角色的系统存储过程有 3 个。

sp_addsrvrolemember 用于将登录名添加到固定服务器角色,语法格式如下。

```
sp_addsrvrolemember [@loginname = ]'login',
    [@rolename = ]'role'[;]
```

语法说明如下。

(1) [@loginname＝]'login':指定添加到固定服务器角色中的登录名。

(2) [@rolename＝]'role':指定固定服务器角色名。

sp_helpsrvrolemember 用于显示固定服务器角色成员列表,语法格式如下。

```
sp_helpsrvrolemember [[@srvrolemember = ]'role'][;]
```

sp_dropsrvrolemember 用于删除固定服务器角色成员,语法格式如下。

```
sp_dropsrvrolemember [@loginname = ]'login',
    [@rolename = ]'role'[;]
```

【例 11.12】 使用系统存储过程将登录名 user5 添加到 sysadmin 固定服务器角色中。在查询分析器中输入如下 Transact-SQL 语句并执行:

```
EXEC sp_addsrvrolemember 'user5','sysadmin';
```

【例 11.13】 使用系统存储过程删除固定服务器角色 dbcreator 中的角色成员 user5。在查询分析器中输入如下 Transact-SQL 语句并执行:

```
EXEC sp_dropsrvrolemember 'user5','dbcreator';
```

说明:删除固定服务器角色中的登录名也可以通过 SSMS 完成。

11.6.2 固定数据库角色的管理

1. 使用 SSMS 为数据库用户指派固定数据库角色

【例 11.14】 为数据库用户 user2 指派固定数据库角色 db_denydatawriter。

操作步骤如下。

(1) 打开 SQL Server Management Studio,连接到 SQL Server 上的数据库引擎。

(2) 展开"数据库"→stuinfo→"安全性"→"角色"→"数据库角色"节点。

(3) 双击"db_denydatawriter 角色"选项,弹出"数据库角色属性-db_denydatawriter"对话框,单击"添加"按钮,弹出"选择数据库用户或角色"对话框,在该对话框中单击"浏览"按钮,弹出"查找对象"对话框,如图 11-10 所示,勾选[user2]复选框。

(4) 单击"确定"按钮,返回"选择数据库用户或角色"对话框,单击"确定"按钮,返回"数据库角色属性-db_denydatawriter"对话框,如图 11-11 所示。

(5) 单击"确定"按钮,完成操作。

2. 使用系统存储过程管理固定数据库角色

管理固定数据库角色的系统存储过程有 3 个。

sp_addrolemember 用于将数据库用户添加到固定数据库角色中,语法格式如下。

图 11-10 "查找对象"对话框

图 11-11 "数据库角色属性-db_denydatawriter"对话框

```
sp_addrolemember[@rolename = ]'role',
    [@membername = ]'security_account'[;]
```

语法说明如下。

(1)[@rolename＝]'role'：指定当前数据库中的数据库角色的名称。

(2)[@membername＝]'security_account'：指定添加到该角色的安全账户,该账户可以是数据库用户、数据库角色、Windows 登录或 Windows 组。

sp_helprole 用于显示固定数据库角色的成员列表,语法格式如下。

```
sp_helprole[[@rolename = ]'role'][;]
```

sp_droprolemember 用于从固定数据库角色中删除成员。语法格式如下。

```
sp_droprolemember[@rolename = ]'role',
    [@membername = ]'security_account'[;]
```

【例 11.15】 使用系统存储过程删除固定数据库角色 db_denydatawriter 中的角色成员 user2。

在查询分析器中输入如下 Transact-SQL 语句并执行:

```
EXEC sp_droprolemember 'db_denydatawriter','user2';
```

11.6.3 自定义数据库角色的管理

1. 使用 SSMS 管理自定义数据库角色

【例 11.16】 使用 SSMS 创建自定义数据库角色 role1,并为其指派数据库用户 user2。操作步骤如下。

(1) 打开 SQL Server Management Studio,连接到 SQL Server 上的数据库引擎。

(2) 展开"数据库"→stuinfo→"安全性"节点,右击"角色"节点,在弹出的快捷菜单中选择"新建"→"新建数据库角色"命令,弹出"数据库角色-新建"对话框。

(3) 输入角色名称为 role1,所有者为 dbo。

(4) 打开"安全对象"页,在该页中单击"搜索"按钮,弹出"添加对象"对话框,单击"确定"按钮,再单击"对象类型"按钮,勾选"选择对象类型"对话框中"表"复选框,单击"确定"按钮。

(5) 返回"选择对象"对话框,单击"浏览"按钮,勾选"查找对象"对话框中[dbo].[student]复选框,单击"确定"按钮。

(6) 返回"选择对象"对话框,单击"确定"按钮,返回"数据库角色-新建"对话框。

(7) 打开"数据库角色-新建"对话框中"安全对象"页,如图 11-12 所示,勾选"dbo.student 的权限"列表框中"更改""删除"和"选择"选项所在行的"授予"复选框。

(8) 打开"数据库角色-新建"对话框中"常规"页,单击"添加"按钮,如图 11-13 所示,将 user2 添加为数据库用户。

(9) 单击"确定"按钮,完成角色创建,并为其指派了数据库用户。

2. 使用 Transact-SQL 语句管理自定义数据库角色

使用 Transact-SQL 语句创建用户自定义数据库角色的语法格式如下。

```
CREATE ROLE role_name [AUTHORIZATION owner_name][;]
```

语法格式说明如下。

(1) role_name:指定要创建的数据库角色的名称。

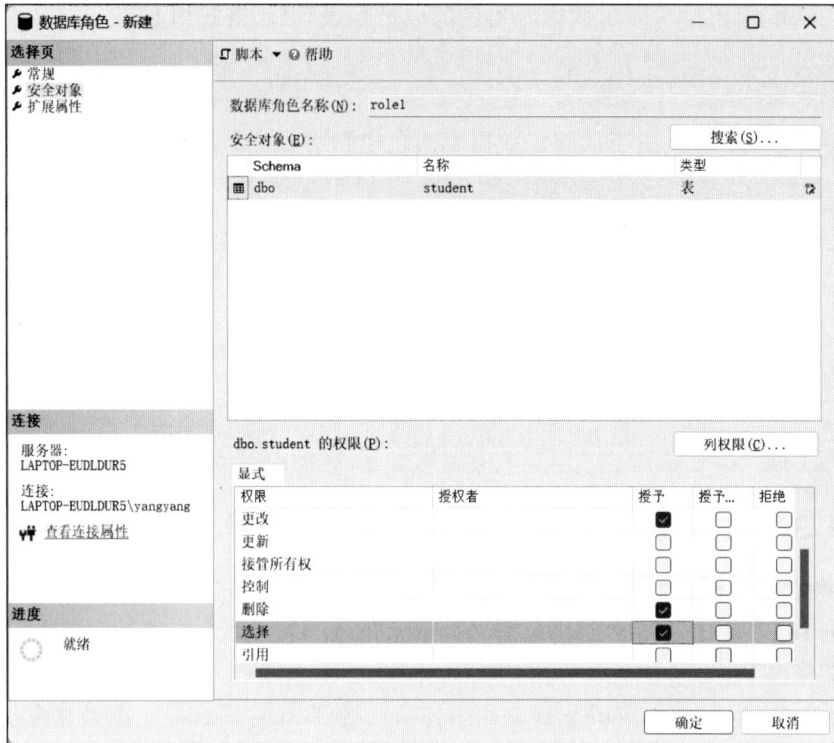

图 11-12　"数据库角色-新建"对话框"安全对象"页

图 11-13　"数据库角色-新建"对话框中"常规"页

（2）AUTHORIZATION owner_name：指定新的数据库角色的所有者。

为创建的用户自定义数据库角色指派用户也使用存储过程 sp_addrolemember，用法与之前介绍的类似。

删除数据库角色的语法格式如下。

```
DROP ROLE role_name[;]
```

【例 11.17】　使用 Transact-SQL 语句在 stuinfo 数据库中创建名为 role2 的新角色，并指定 dbo 为该角色的所有者。

在查询分析器中输入如下 Transact-SQL 语句并执行：

```
USE stuinfo
CREATE ROLE role2
    AUTHORIZATION dbo;
```

【例 11.18】　将 SQL Server 登录名创建的 stuinfo 数据库用户 tina（假设已创建）指派给 role2 角色。

在查询分析器中输入如下 Transact-SQL 语句并执行：

```
USE stuinfo
EXEC sp_addrolemember 'role2','tina';
```

【例 11.19】　删除数据库角色 role1。

在查询分析器中输入如下 Transact-SQL 语句并执行：

```
EXEC sp_droprolemember 'role1','user2';
DROP ROLE role1;
```

重要提示：在删除 role1 之前必须先将该角色中的成员 user2 删除。

删除数据库角色也可以使用 SSMS 方式，在"角色"节点中找到该角色，右击，选择"删除"命令。

11.6.4　应用程序角色的管理

【例 11.20】　为数据库 stuinfo 创建应用程序角色 role3。

操作步骤如下。

（1）打开 SQL Server Management Studio，连接到 SQL Server 上的数据库引擎。

（2）展开"数据库"节点→stuinfo→"安全性"→"角色"节点，右击"应用程序角色"选项，在弹出的快捷菜单中选择"新建应用程序角色"命令，弹出"应用程序角色-新建"对话框。

（3）如图 11-14 所示，输入角色名称 role3，默认架构为 dbo，密码和确认密码为 123456。

（4）打开"安全对象"页，单击"搜索"按钮，弹出"添加对象"对话框。

（5）单击"确定"按钮，弹出"选择对象"对话框，单击"对象类型"按钮，勾选"表"复选框。

（6）单击"确定"按钮，返回"选择对象"对话框，单击"浏览"按钮，勾选"查找对象"对话框中[dbo].[student]复选框。

（7）单击"确定"按钮，返回"选择对象"对话框，单击"确定"按钮，返回"应用程序角色-

视频讲解

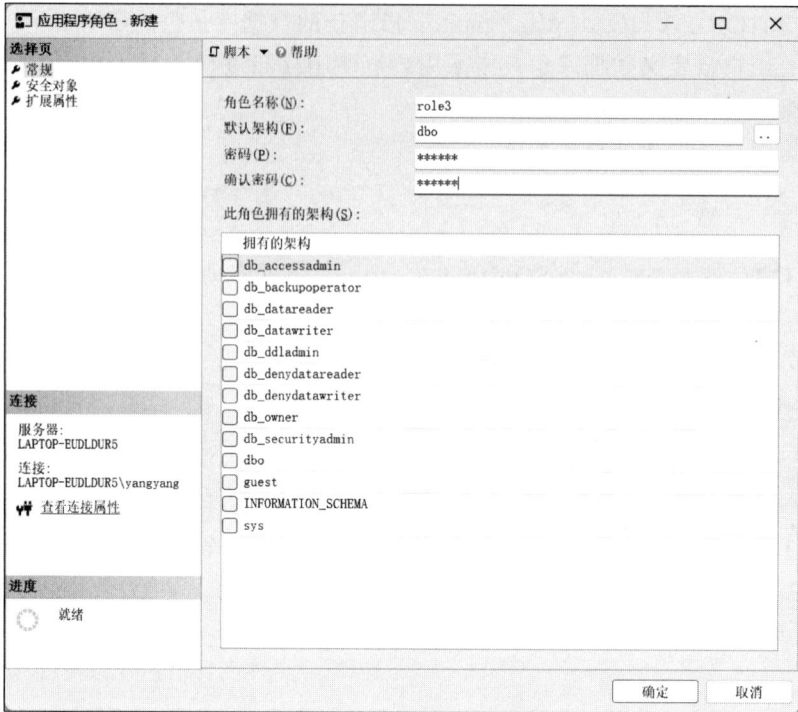

图 11-14 "应用程序角色-新建"对话框

新建"对话框，打开"安全对象"页，如图 11-15 所示，勾选"dbo.student 的权限"列表框中"选择"选项所在行的"授予"复选框。

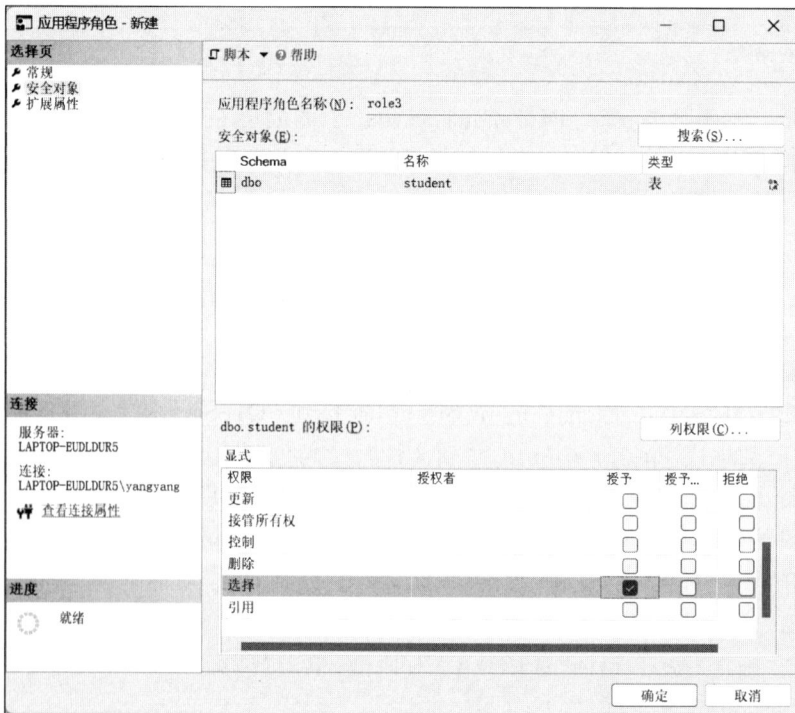

图 11-15 "应用程序角色-新建"对话框"安全对象"页

（8）单击"确定"按钮，完成应用程序角色的创建。

11.7　数据库权限的管理

11.7.1　授予权限

1. 使用 SSMS 授予权限

【例 11.21】　给数据库用户 user2 授予 stuinfo 数据库的 CREATE TABLE 语句的权限。

操作步骤如下。

（1）打开 SQL Server Management Studio，连接到 SQL Server 上的数据库引擎。

（2）展开"数据库"节点，右击"stuinfo 数据库"，在弹出的快捷菜单中选择"属性"命令，弹出"数据库属性-stuinfo"对话框，打开"权限"页。

（3）如图 11-16 所示，选择 user2 用户，勾选"user2 的权限"列表框中"创建表"选项所在行的"授予"复选框。

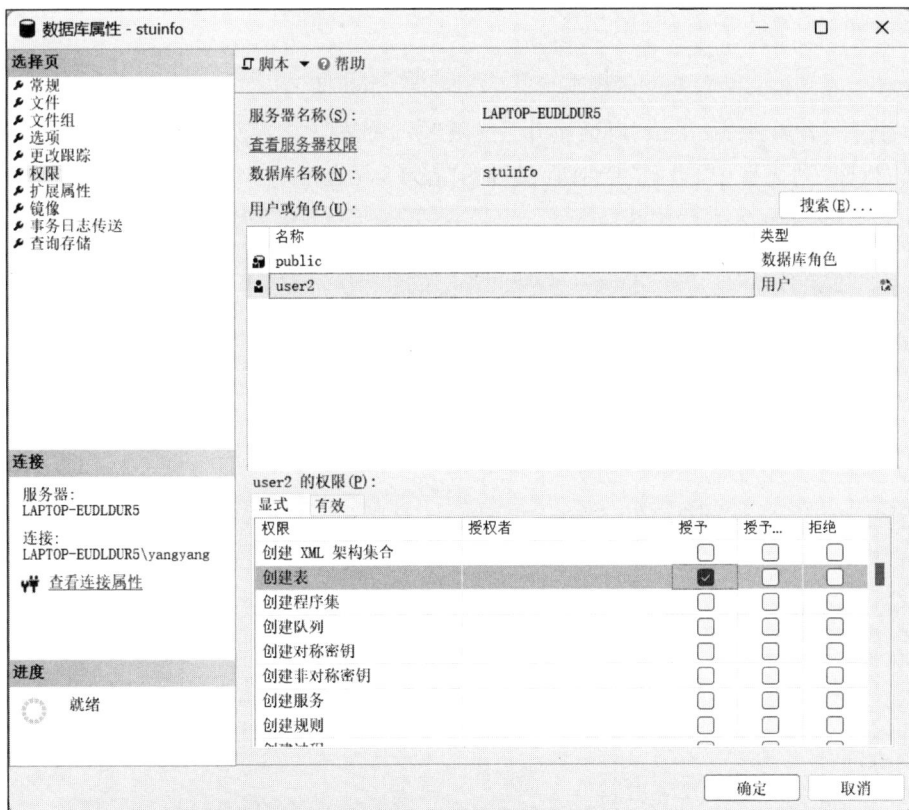

图 11-16　"数据库属性-stuinfo"对话框中"权限"页

（4）单击"确定"按钮完成权限的授予。

【例 11.22】　给数据库用户 user2 授予 student 表上的 UPDATE 权限。

操作步骤如下。

（1）打开 SQL Server Management Studio，连接到 SQL Server 上的数据库引擎。

（2）展开"数据库"→stuinfo→"表"节点，右击"student 表"，在弹出的快捷菜单中选择"属性"命令，弹出"表属性-student"对话框，打开"权限"页。

（3）单击"搜索"按钮，弹出"选择用户或角色"对话框，单击"浏览"按钮，弹出"查找对象"对话框，选择用户[user2]，如图 11-17 所示，单击"确定"按钮，返回"选择用户或角色"对话框，单击"确定"按钮，返回"表属性-student"对话框。

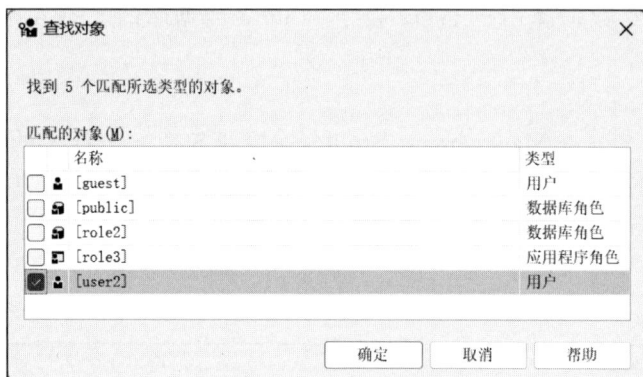

图 11-17　"查找对象"对话框

（4）打开"表属性-student"对话框中"权限"页，如图 11-18 所示，选择用户 user2，勾选"user2 的权限"列表框中"更新"选项所在行的"授予"复选框。

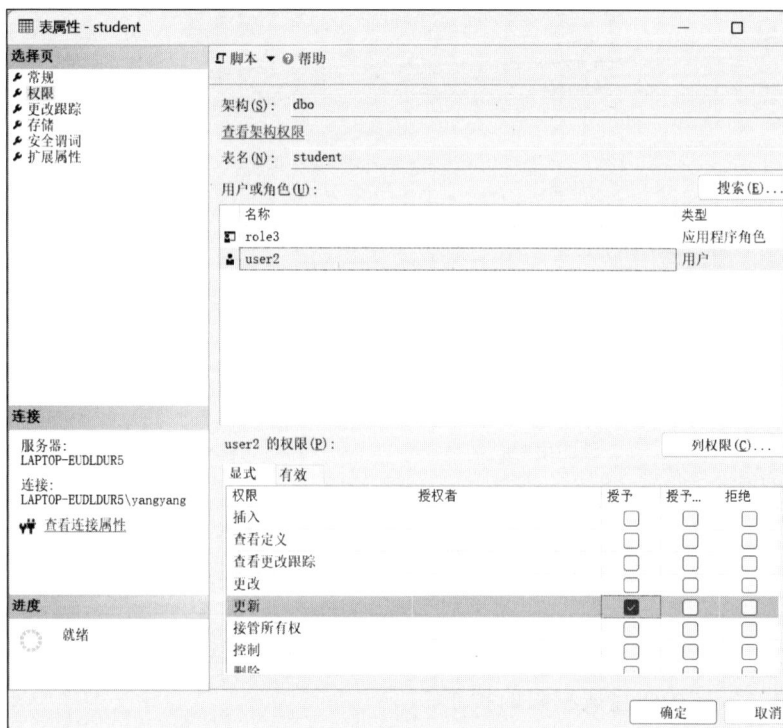

图 11-18　"表属性-student"对话框中"权限"页

(5) 单击"确定"按钮,完成权限的授予。

2. 使用 Transact-SQL 语句授予权限

使用 Transact-SQL 语句授予权限的语法格式如下。

```
GRANT permission[(column[,…n])][,…n]
   [ON securable] TO principal[,…n][;]
```

语法说明如下。

permission:表示权限的名称。

column:指定表、视图或表值函数中要授予对其权限的列的名称。

ON securable:指定将授予其权限的安全对象。

principal:指定为其授予权限的主体的名称。

【例 11.23】 给 stuinfo 数据库上的用户 user2 授予创建表的权限。

在查询分析器中输入如下 Transact-SQL 语句并执行:

```
USE stuinfo
GRANT CREATE TABLE
   TO user2;
```

11.7.2 拒绝权限

使用 SSMS 方式拒绝权限,如图 11-18 所示,在相应的"拒绝"复选框中选择即可。

使用 Transact-SQL 语句拒绝权限的语法格式如下。

```
DENY permission[(column[,…n])][,…n]
    [ON securable] TO principal[,…n][;]
```

【例 11.24】 拒绝用户 user2 对表 student 的 INSERT、UPDATE、DELETE 权限。

在查询分析器中输入如下 Transact-SQL 语句并执行:

```
USE stuinfo
DENY INSERT,UPDATE,DELETE
   ON student
   TO user2;
```

11.7.3 撤销权限

SSMS 方式撤销权限操作与拒绝权限操作类似,下面只介绍 Transact-SQL 语句的方式。

语法格式如下。

```
REVOKE permission[(column[,…n])][,…n]
   [ON securable]
   FROM principal[,…n][;]
```

【例 11.25】 取消例 11.23 已授权用户 user2 的 CREATE TABLE 权限。

在查询分析器中输入如下 Transact-SQL 语句并执行：

```
USE stuinfo
REVOKE CREATE TABLE
    FROM uesr2;
```

【例 11.26】　取消例 11.24 对 user2 拒绝的在 student 表上的 INSERT、UPDATE、DELETE 权限。

在查询分析器中输入如下 Transact-SQL 语句并执行：

```
USE stuinfo
REVOKE INSERT,UPDATE,DELETE
    ON student
    FROM user2;
```

单元小结

本项目介绍了 SQL Server 的安全性机制，管理登录名和用户的方法，角色的概念和角色管理，数据库权限的管理。

SQL Server 2022 采用分级的安全机制，分为三类：服务器级别安全机制、数据库级别安全机制、数据库对象级别安全机制。

角色是 SQL Server 用来集中管理数据库或服务器的权限。

数据库的权限指明了用户能够获得哪些数据库对象的使用权，能够对哪些对象执行何种操作。

单元实训

【实训目的】

（1）掌握创建登录名和用户的方法。

（2）掌握角色管理的方法。

（3）掌握权限管理的方法。

【实训内容】

（1）创建一个 SQL Server 登录名 testuser，密码为 123456，再为其创建一个数据库用户 manager（使用 SSMS 和 Transact-SQL 语句两种方式实现）。

（2）将 books_sale 数据库中的 press 表的 SELECT、INSERT、UPDATE 和 DELETE 对象权限授予给数据库用户 manager（使用 SSMS 和 Transact-SQL 语句两种方式实现）。

（3）使用 testuser 登录至 SQL Server，测试权限。

参 考 文 献

［1］ 赵明渊.SQL Server 数据库技术与应用(SQL Server 2019 版)[M].北京:清华大学出版社,2022.

［2］ 詹英,林苏映.数据库技术与应用——SQL Server 2019 教程[M].北京:清华大学出版社,2022.

［3］ 李岩,侯菡萏.SQL Server 2019 实用教程(升级版·微课版)[M].北京:清华大学出版社,2022.

［4］ 张治斌.SQL Server 数据库技术及应用教程(SQL Server 2016 版)[M].2 版.北京:电子工业出版社,2019.

［5］ 张立新,徐剑波.数据库原理与 SQL Server 应用教程[M].北京:电子工业出版社,2017.

［6］ 王宇春.数据库原理与应用——SQL Server 2019(微课视频版)[M].北京:清华大学出版社,2022.